가정간편식
사용설명서

든든하고 간편한 한 끼에서 미슐랭 메뉴와 유명 맛집 요리까지
가정간편식 사용설명서

초판 1쇄 인쇄 2020년 6월 5일
초판 1쇄 발행 2020년 6월 10일

지은이 배성은

발행인 백유미 조영석
발행처 (주)라온아시아
주소 서울특별시 서초구 효령로 34길 4, 프린스효령빌딩 5F

등록 2016년 7월 5일 제 2016-000141호
전화 070-7600-8230 **팩스** 070-4754-2473

값 15,000**원**
ISBN 979-11-90820-32-5 (03590)

가정간편식 사용설명서

든든하고 간편한 한 끼에서

미슐랭 메뉴와 유명 맛집 요리까지

HMR GUIDE

배성은 지음

RAON
BOOK

| 프롤로그 |

가정간편식, 피할 수 없다면 현명하고 똑똑하게 즐겨라!

어느 더운 여름날, 장염에 걸렸다. 그전에는 하루 이틀 정도 굶으면 회복이 되었는데 회사 일과 육아에 바쁘고 무더운 여름엔 체력이 따라주지 않아서 굶는 건 엄두도 안 났다. 그래서 약을 먹으면서 소화가 잘되는 식사를 하기로 했다. 그런데 한두 끼 정도 조심해서 먹다 보면 커피, 떡볶이, 제육볶음, 김치찌개 등 자극적인 음식이 마구 생각나서 참으로 괴로웠다. 결국 참지 못하고 맛이라도 보자고 먹다 보면 바로 또 설사를 했다.

증상이 좀처럼 나아지지 않으니 그 이유를 곰곰이 생각해보았다. 신제품 개발 중엔 매일매일 테스트한 제품 샘플을 시식해야 하고,

일하면서 스트레스 받는다고 자극적인 음식 위주로 식사한 것이 생각이 났다. 야근이라도 하는 날엔 혼술에 야식까지 먹으며 내 몸이 많이 지쳤나 보다 하고 반성하게 되었다. 마침 휴가 기간이라서 작정하고 집밥을 해먹기로 했다. 미리 사다놓은 누룽지를 끓이고, 지난 제사 때 받아 얼려놓은 고사리나물을 전자레인지에 살짝 데워 들기름에 살짝 볶고, 유정란을 풀어 전자레인지로 달걀찜을 만들었다. 반찬가게에서 사온 우엉채 볶음과 친정엄마의 백김치까지 내놓으니 꽤 푸짐하다.

사실 하고 보면 생각보다 어렵지 않은 노동이다. 이렇게 삼시 세끼를 차려 꼭꼭 씹어서 먹으니 속도 편하고 배도 점차 나아지는 것 같았다. 화장실에서 마주한 변은 어찌나 건강하던지 대체 이런 변을 본 게 정말 얼마 만인지 모른다. 가공식품을 개발하면서도 집밥의 소중함을 잊지 않으려고 노력했던 나인데 그간 스트레스로 인하여 맞지 않는 음식을 소화하느라 고생한 내 몸에게 미안했다.

이처럼 소화장애를 겪는 사람이 많을 것이다. 그 소화장애가 스트레스 때문일 수도 있고, 노화로 인한 것일 수도 있다. 비로소 이렇게 아파야 그간의 식습관이 어땠는지 돌이켜보게 된다. 이렇게 아파도 자극적인 음식에 길들여진 입맛을 바꾸기란 쉽지 않다. 그렇다고 매번 5첩 반상을 차려먹는다는 것은 물리적으로 불가능하다. 그렇다면 아프기 전에 일상생활에서 나에게 도움이 되는 음식이 어떤 것인지 고민해야 하지 않을까?

"제가 좋아하는 것은 '먹는 것'입니다"라고 자신 있게 말하던 나는 식품회사 연구소의 8년차 연구원이다. 냉동식품 파트에서 냉동가정간편식 개발을 담당해왔다. 어느 날, 신제품 아이디어 회의 때 소비자를 인터뷰한 영상에서 소비자들이 간편식 제품에 대해 왠지 모를 불신을 갖고 있다는 사실과, 가공식품을 선택할 때 죄책감을 갖게 된다는 사실을 알게 되었다. 인터뷰에 응한 소비자들은 일도 육아도 집안일도 잘하고픈 워킹맘일 수도 있고, 요리에 소질은 없지만 가족들에게 한상 잘 차려주고 싶은 주부일 수도 있었다. 그런가 하면 요리가 취미인 사람일지라도 시간이 없어 요리를 못할 수도 있고, 가스레인지 근처에도 가고 싶지 않지만 오늘 하루 무엇을 먹어야 할지 고민하는 '혼밥러'일 수도 있다.

수납장에 즉석밥과 즉석카레가 가득한 1인 가구들, 입시 준비를 위해 온종일 학원으로 나돌며 소위 '흙밥'이라고 부르는 패스트푸드를 먹는 십 대들, 자식들 다 분가시키고 이제야 비로소 본인이 좋아하는 음식을 즐기고 싶지만 소화력이 따라주지 않아 힘든 부모님들……. 이 모두를 위해 가정간편식에 대한 지식을 널리 공유하기로 결심했다.

예전에는 한 끼 식사라고 하면 엄마가 해주는 집밥의 이미지가 강했다. 하지만 요즘 그런 엄마는 더 이상 집에 없다. 개인의 라이프스타일이 중요해지고 또 가족 구성원 각자의 개인 생활이 바빠진 현대인들에게 '음식은 엄마의 정성이자 손맛'이라고 했던 말은 오래전 일이 되고 말았다. 식사 준비는 필수 불가결한 노동이 아니라 선택적인 노동이 되었고, '가정간편식'은 이제 '효율성'과 '가성비'라는 이름 아래 우리 곁에 매우 친근하게 다가와 있다. 간편식으로 사람들은 간편하게 식사 준비를 할 뿐 아니라 부족한 영양소도 챙길 수 있는 시대가 되었다.

가정간편식 시장은 소비자의 욕구와 시대의 흐름에 맞추어 점점 커지고 이에 따라 신제품도 다양하게 쏟아져 나온다. 그러면 이 많은 간편식 중에 어느 것을 선택해야 할까? 가정간편식의 선택 기준은 무엇이 되어야 하고 어떤 점을 유념해서 먹어야 할까? 더 나아가 편리하면서 맛도 있고 건강도 고려할 수 있는 가정간편식이 존재하기는 하는 걸까? 이 책은 이같이 근본적인 고민의 지점에서 쓰게 되었다.

이 책은 1부 가정간편식에 대한 이야기와 2부 가정간편식의 실제 활용법 부분으로 나뉜다.

1부 1장에서는 집밥을 둘러싼 인식과 의식의 변화와 함께 여성의 역할 변화와 개인화에 따른 라이프스타일의 변화를 살펴보고, 우리 자신과 아이를 위한 음식 선택의 중요성을 강조했다. 또 가공식품이 가정간편식으로 이동하는 산업의 발전 현황과 간과했던 외식에 대한 진실을 밝혀내 우리가 지금 먹고 있는 먹거리의 현주소를 살펴보았다.

2장에서는 가정간편식의 다양한 정보를 담았다. 가정간편식의 정의와 종류를 나열하고 그 역사를 재구성해보았다. 선진국에서 시작된 가정간편식의 출발과 발달 과정을 살펴보면서 우리나라 가정간편식의 발전 방향을 예측해볼 수도 있을 것이다. 보관 온도와 간편 조리법의 종류에 따른 가정간편식의 사용 방법에 대해서도 설명했다.

3장에서는 가정간편식을 선택하기 위해 고려해야 할 사항을 정리했다. 균형 있는 식단을 선택하는 방법, 간편식을 구매하기 전에 표시 사항의 다양한 정보를 확인해야 하는 이유를 서술했다. 또 가정간편식을 선택할 때 흔하게 생각하는 기준인 브랜드, 맛, 가격 등에 대해 함께 생각해보았으면 하는 정보를 담았다.

2부에서는 선택한 가정간편식을 더욱 간편하고 색다르게 즐기는 다양한 레시피를 제안했다. 1장 바쁜 아침 식사 챙겨 먹기, 2장 우리 아이 간식 준비하기, 3장 한 그릇 뚝딱 간편식 요리, 4장 특별한 날 즐기는 요리까지 폭넓게 소개하려 애썼다.

이 책의 목적은 소비자로서, 엄마로서, 주부로서 함께 고민하고 가정간편식 개발자로서 경험한 내용을 바탕으로 먹거리에 대해 다시 생각해보고 막연한 불안감을 해소시켜주는 것이다. 우리는 1년에 1,095번의 선택의 기로에 서 있다. 그 선택이 힘들어 아무거나 대충 먹자고 하기에는 우리 몸이 너무나 소중하다. 피할 수 없으면 현명하고 똑똑하게 선택하고 즐기자.

"나는 내 환경의 산물이 아니라, 내 선택의 산물이다."

– 스티븐 코비(Stephen Covey)

배성은

1부
집밥이라 가정식, 간편해서 간편식

1장
집밥이 기가 막혀

2장
가정간편식으로 대충 때운다고? 천만의 말씀

3장
가정간편식, 제대로 알고 제대로 먹기

2부
간편하게 도전하고 조리하는 가정간편식 활용법

1장
바쁜 아침 식사 챙겨 먹기

2장
우리 아이 간식 준비하기

1부

집밥이라 가정식, 간편해서 간편식

1장

집밥이
기가 막혀

옛날 엄마는 옛날에나, 요즘은 요즘 엄마로

밥상이 불편하다

얼마 전 밥을 차려주는 것을 주제로 남녀가 토론을 하는 프로그램을 본 적이 있다. 각자 처한 상황에 따라 밥상 차리는 것에 대한 생각이 달랐다.

젊은 시절 평생을 뼈 빠지게 일해 돈 벌어다주었으니 은퇴 후 번듯한 식사를 대접받아야겠다는 남편과 더 이상 집안일을 하지 않겠다는 아내가 대립했다. 평생 잘 먹여온 아들이 혹시나 며느리에게 한 끼도 못 얻어먹을까 봐 불안한 예비 시어머니가 걱정을 늘어놓기도 했다. 내 아내의 요리는 맛이 없다고 하소연하는 누군가의 남편도 등장했다. 새벽배송으로 신선식품을 즐겨 이용하는 젊은 여성은 당연히 참석자들에게 이해받지 못하는 분위기였다. TV 프로그램이라 어느 정도의 과장과 연출은 포함되었겠지만 여전히 식사 준비는 여자의 몫이라는 불편한 진실이 적나라하게 드러났다.

나도 요리를 좋아하지만 회사일과 집안일을 동시에 하자면 요리는 먼 나라 이야기가 된다. 평일에는 밖에서 사 먹거나 구내식당에서 남편과 각자 끼니를 해결한다. 아이도 대부분의 끼니는 어린이집에서 먹는다.

나는 가공식품을 만들고 시식하는 것이 일이라 주말만이라도 집밥을 먹자고 다짐하고는 식기세척기도 들여놓았다. 하지만 하루에 두 번 이상 집에서 식사 준비를 하는 일은 매우 버거웠다. 몇 가지 밑반찬이라도 만들라 치면 재료를 다듬고 남은 식재료 쓰레기를 처리하는 것만도 힘에 부쳤다.

전업주부인 내 친구는 요리에 서툴다. 재료를 사다가 블로그를 보면서 열심히 따라 해보지만 사진과 다른 모양과 맛을 낸다고 고민한다. 시간을 들여 노력해보지만 가족들에게 외면받는 요리를 보면 그렇게 허무할 수가 없단다. 그래서 냉동식품을 사다 해주면 맛있다고 잘 먹는단다. 그 모습을 보면 왠지 배신감도 들고 마음 한구석엔 미안한 마음이 든다고 고백한다.

또 다른 맞벌이를 하는 친구는 외식이나 가정간편식을 사용하여 식사를 한다. 하지만 메뉴를 선택할 때 단백질이 많은 메뉴를 선택한다고 한다. 왠지 탄수화물이 많은 메뉴를 선택하면 죄책감이 들어 피자보다 치킨을 선택하고 스스로를 위안을 삼는다고 한다. 이것이 바로 요즘 시대 여성들이 먹고 사는 모습이다.

옛날 엄마 vs 요즘 엄마

옛날에 우리는 어떻게 먹고 살았을까? 옛날의 엄마들은 희생의 아이콘이었다. 내 엄마는 전형적인 옛날의 엄마 모습이다. 매일 아침 6시에 일어나 아침을 차려준 덕분에 우리 가족은 아침 식사 시간마다 마주 앉아 얼굴을 볼 수 있었다. 매일 차린 것이 없다며 내놓는 반찬 가짓수는 다섯 개 이상이며 이도 부족하다고 생각했는지 토마토나 채소를 갈아서 체에 걸러주었다. 무슨 국을 끓이든 채소, 멸치 육수는 기본이었다. 고기 요리는 뜨거운 물에 한번 데쳐서 잡내를 없애고 기름을 떼어내고, 사골이라도 끓이는 날에는 밤새 자리를 지키며 끓였다.

명절 때마다 조상을 잘 모셔야 한다며 10여 가지의 음식을 푸짐하게 만들어놓고 차례를 지낸다. 이렇게 만든 음식은 인사하러 온 친척들에게 두둑이 싸주기도 했다. 겨울 김장철에는 배추나 고추를 산지에서 구하고 설탕 대신 과일을 갈아 넣어 양념을 만든다. 그리고 새벽에 일어나서 소금에 절여진 배추를 씻었다.

옛날 우리 집엔 이렇게 가족의 먹거리에 대해서 매일 고민하고 준비하는 엄마가 있었다. 엄마와 아내가 되어보니 그때의 엄마의 모습을 상상하면 코끝이 찡해진다. 매일 아침 당연하다고 생각했던 엄마의 집밥이 지금은 내가 직접 준비하지 않으면 구경조차 할 수 없다. 결혼 후 몇 주간 아침 식사 준비를 해보니, 엄마의 밥상은 정말 엄청난 희생의 결과물이라는 것을 깨닫게 되었다.

내 남편이 삼식이?

하지만 한편으로는 엄마, 아내로서 가족을 위해 희생하는 것이 여성들이 당연히 해야 하는 역할로 강요받는 것 같기도 해서 솔직히 불편하다. 집밥 희생을 감내함으로써 당신의 역할을 잘해냈다고 자부하는 엄마는 당신 딸도 그래야 한다고 생각하실 터였다. 결혼 초에 엄마 집밥이 그리워 친정에 가면 엄마는 사위 밥 차려줄 사람이 없는 것을 걱정했다. 그럴 때면 '내 엄마가 맞나'라는 생각이 들면서 내심 서운하기도 했다.

집밥을 받아온 우리 세대 여성들은 이제 집밥을 해야만 하는 세대가 되었다. 요리를 잘하는 여성은 "시집가도 되겠네"라는 소리를 듣는다. 하지만 멀쩡하게 다 자란 성인 남성이 끼니도 제대로 안 챙겨먹는 모습을 나무라기는커녕 "저 녀석 어서 장가보내야지"라고 말하는 어르신들을 볼 때면 불편한 마음이 든다. 결혼한 아들이 행여나 아침밥상을 받지 못할까 봐 매번 아들 내외에게 아침 메뉴를 묻거나 아침 밥상 사진을 찍어보내라는 시어머니의 이야기도 맘 카페에서 종종 들을 수 있는 단골 메뉴다.

아이가 생기면 부담감은 더해진다. 6개월 된 아기가 이유식을 잘

안 먹으면 내가 요리를 못해서이고, 큰맘 먹고 유기농 채소에 저염식으로 내준 반찬에 입도 대지 않는 아이를 보면 그렇게 허무할 수가 없다. 학교가 방학이라도 하면 매 끼니 아이에게 뭘 해줘야 하는지 고민하는 것도 스트레스다. 자식들 출가 보내고 자유롭게 여행 다니면서 살고 싶은데 은퇴한 남편은 삼식이(은퇴 후 집에서 세 끼 모두 챙겨먹는 남편)가 되어 밥상을 기다린다.

한번은 신제품 개발하느라 소비자 정보에 대해 이야기를 들었는데, 요리에 서툰 요즘 엄마들은 냉동 볶음밥을 그냥 데워주면 미안하니까 다진 채소나 새우 고명이라도 얹어줘야 미안한 마음이 누그러진단다. 참으로 웃픈 이야기다.

요술램프의 지니가 필요해

"내 특기는 노래입니다. 하지만 운동은 잘 못해요"처럼 요리도 잘할 수도 있고 못할 수도 있는 개인의 취향이나 관심사의 차이라고 생각한다. 옛날의 엄마처럼 삼시 세끼를 다 차려주려면 예능 프로그램인 <삼시세끼>처럼 하루 종일 끼니에만 집중해야 한다. 요즘 세상에 이런 옛날 엄마가 어디 있을까? 엄마도 여유롭게 SNS도 하고 싶고, 내 커리어를 위해 일도 하고 싶고, 친구도 만나고 싶다. 해도 해도 티 안 나는 집안일로부터 자유롭고 싶다. 평생 차린 밥상, 이제는 부엌에서 은퇴하고 싶다.

이러한 여성들의 고민을 알아주는 알라딘의 요술램프 지니 같은 제품이 등장했다. 바로 가정간편식이다. 원치 않은 노동은 하지 않아도 맛있는 식사를 차릴 수 있도록 도와줄 것이다. 요리 지니는 하루에 세 번의 해방을 느끼게 해줄 것이다.

나와 같은 고민을 하는 여성들이 이러한 강요 속에 미안한 마음과 죄의식을 갖지 않았으면 한다. 그래서 어떻게 하면 가정간편식을 현명하게 선택할 수 있을지 공유하고자 한다. 요리를 못한다는 것, 매일 아침 밥상을 뚝딱 차리는 주부 9단이 아니라는 것은 더 이상 미안한 일이 아니다. 이제는 가정간편식의 편리성을 취하면서도 현명하게 선택하고 균형 있는 식사를 제공하는 스마트하고 세련된 엄마가 있다.

요즘 라이프스타일은
스스로 챙겨먹는 게 대세!

취향을 찾아가는 사람들

"나 때는 말이야. 점심 회식에서 '난 짜장'이라는 부장님의 주문에 모든 팀원들이 죄다 한목소리로 '저도요'를 부르짖었어. 그리고 내가 아이를 키울 때는 말이야, 마트에 가면 마누라가 애 먹을 것으로는 한우를 사고 내 먹을 것으로는 잡뼈를 샀어. 그러고 애한테는 한우를 구워 먹이고 내게는 사골을 한 솥 끓여 깍뚜기를 반찬으로 내주었지. 우리 어머니는 또 어떻고? 어머니가 음식 한번 했다 하면 몇십 인분을 만들어 동네 잔치를 벌였어. 그래서 나는 이웃들 나눠드리느라 집집마다 돌아다니며 심부름하기 바빴지."

과거를 회상하며 묘사한 위 장면들은 시대극에서나 나올 법한 옛날이야기처럼 느껴진다. 한국인의 의식은 유교사상의 영향과 집단주의 사회 속에서 사회적 요구 수준에 도달하기 위해 남들의 시선을 의식했던 과거와 달리 급진적인 변화를 겪고 있다.

이러한 변화는 식문화에서도 엿볼 수 있다. 윗사람이 짜장을 시키더라도 “저는 삼선볶음밥요”를 외치는 신입사원이 등장했다. 엄마, 아빠, 아이가 좋아하는 메뉴를 각각 사고, 각자가 먹을 수 있는 시간에 간편하게 먹는다. 밀레니얼 세대 엄마들은 집에서 밥을 먹는 횟수가 손에 꼽히니 한두 끼만 먹을 수 있는 양의 반찬을 정기적으로 사서 먹는다. 식품을 선택하는 데에도 자기가 원하는 것에 집중해 취향을 찾아가는 시대가 왔다.

솔로 이코노미의 시대

세대 간의 특징을 이해하고 갈등을 해결하기 위해 각 세대가 겪은 사회적 배경과 행동 패턴 등을 분석한 결과에 공통적으로 등장하는 내용이 있다. 바로 ‘개인화’라는 키워드다. 요즘 시대는 그 어느 때보다도 ‘나 자신’이 중요한 시대임을 알려준다.

2018년 통계청의 통계 자료에 따르면 1인 가구 비중이 29.2%로 세 가구당 한 가구는 1인 가구인 셈이다. 각 세대별로 처한 상황과 그에 따른 선택의 모습은 다르지만 궁극적으로 자신이 행복하기 위한 라이프스타일을 추구하고 있다는 것이다. 지금 시대는 개인의 성공보다는 성장을, 소유보다는 경험을 중시한다. 하고 싶은 일은 많고 시간이 부족한 사람들의 노력과 시간을 아껴주는 것에 가치를 둔다. 사람들은 다양한 경험을 통해 자신의 취향, 개성, 내면, 욕망 등을 찾고 싶어 한다. 소비자들은 자기 보상에 기꺼이 지출하고 오로지 자신에게 집중하기를 원한다. 누군가 말을 걸어오는 것을 거부하며 무인 서비스를 선호한다.

하지만 반면 각종 온라인 매체나 SNS를 통해 취향이 비슷하거나 목적이 유사한 커뮤니티를 형성해 관계를 맺기도 한다. 감정을 대신 해소해주는 대행 서비스를 이용하거나 명상을 이용해 스스로의 감정을 다스리는 이들도 많다.

경기 불황으로 인해 N포 세대와 1인 가구 수가 증가하고 있다. 이들은 불분명한 꿈보다는 확실한 성취가 가능한 가치와 소소하지만 작은 행복에 대한 프리미엄 소비를 늘리고 있다. 1인 가구를 대상으로 하는 이 같은 소비 시장을 솔로 이코노미(Solo Economy)라 부른다. 이제 기업은 이러한 소비를 겨냥한 제품을 집중 개발해 판매하는 데 힘을 쏟고 있다.

본격 혼밥이여, 여기로 오라

이러한 선택의 양상은 음식을 선택하는 데에도 적용된다. 음식은 끼니를 해결하고 영양소를 섭취하는 기본적인 기능에서 맛과 모양을 즐기고 이것을 경험하는 도구로 바뀌고 있다. 각자 추구하는 라이프스타일에 따라 음식을 선택하는 시대다.

너무나 바빠서 식사 시간도 아깝다며 필수 영양소가 채워진 대용식을 마시는가 하면 동료와의 점심 식사가 불편하다고 편의점 도시락을 먹거나 카페에 가서 샌드위치와 커피 한잔으로 식사를 대신하기도 한다. 그런가 하면 끼니는 대충 때워도 소소하고 확실한 행복을 위해 1만 원이 훌쩍 넘는 디저트는 자주 사 먹는다. 소비 심리가 위축되어 외식의 비중이 줄어드는 것 같지만 퇴근 후 나에게 보상으로 주는 치킨과 맥주에도 기꺼이 지갑을 연다. 자극적인 비주얼과 맛을 내는 이색 식품에 도전하고 SNS로 경험을 인증하며 즐거움을 느낀다. 매끼 신경 쓰기가 어려우면 샐러드나 냉동 다이어트 도시락을 정기배송받는다. 개인의 라이프스타일에 맞게 선택할 수 있는 음식의 종류가 어마어마하게 쏟아지고 있다.

시장조사 전문기업 엠브레인 트렌드 모니터 조사 결과에 따르면 1인 가구 증가와 바쁜 생활로 인해 열 명 중 아홉 명이 다양한 유형의 가정간편식 제품을 알고 있으며 제품의 소비가 증가하는 것도 많이 느끼고 있다고 한다. 혼자 살다 보면 음식을 만들고 보관하는 것이 불필요하다고 생각한다.

바쁜 생활로 인해 직접 음식을 차려 먹을 시간이 마땅치 않다고 느끼는 사람들이 많아지면서, 간편하게 조리해서 먹을 수 있는 가정간편식 제품이 인기를 모으고 있는 것이다. 특히 20~50대의 모든 연령대에서 공통적으로 가정간편식 제품의 이용 경험이 증가했음을 체감하고 있었다.

당신의 혼밥은 안녕하십니까?

하지만 개인의 취향이나 선호도에 따라 식품을 선택할 수 있는 자유가 있지만 그에 대한 우려의 목소리도 높다. 바로 혼자 밥을 먹을 때 발생되는 문제다.

나도 종종 혼자 밥을 먹는다. 타인의 시간에 맞추지 않아도 되고, 어떤 메뉴를 먹을지 타협을 보지 않아도 되기 때문이다. 그러나 자신 있게 혼자 식당에 앉아 있어도 대화를 할 상대가 없으니 스마트폰을 보면서 음식을 기다린다. 음식이 나오면 나도 모르게 허겁지겁 먹게 된다. 먼저 온 옆 테이블 사람들보다 먼저 다 먹을 때 다소 민망할 때도 있다. 이런 혼밥이 싫은 사람은 굶거나 간단히 때운다는 이야기도 들은 적이 있다.

2015년에 발표된 서울 시의회 보고 자료에 의하면 1인 가구가 일상에서 가장 불편해하는 것은 '밥 먹기'로 1인 가구의 71.9%가 아침을 거르고, 62.2%는 아침이나 저녁 등을 대충 때우는 것으로 나타났다. 흥미로운 점은 혼밥하는 비율이 여성 61.9%로 남성보다 높다는 점이다. 또 편리성, 가격, 양을 기준으로 식품을 선택하는 12~49세 남자가 세 끼 혼밥을 할 경우 비만 발생률이 46.9% 수준으로 높다는 점도 주목할 부분이다. 열량이 높고 자극적인 식품을 선택한 것이 원인이다.

자극적인 음식 맛에 길들여진 사람은 자연스럽게 그러한 음식을 선택하고, 그에 따른 나트륨 과다 및 지나친 육류 섭취 등 불균형적인 영양 섭취의 문제가 제기되고 있다. 가정간편식을 구매할 때 원재료 성분을 확인하는 세대는 50대와 전업주부의 비율이 35% 이상으로 가장 높았다.

앞으로는 남녀노소 모든 사람들이 가정간편식의 원재료 성분과 원산지, 칼로리, 영양 성분 등의 정보를 확인해야 한다. 이제 혼자 먹더라도, 편리함을 추구하더라도, 건강하게 영양소를 챙길 수 있도록 식품을 선택하고 이용하는 노력과 습관을 갖는 것이 매우 중요한 시대가 왔다.

365일 총 1,095번, 내 몸의 건강 충전

하루 세 번의 소중한 선택

하루 세 번씩 365일, 총 1,095번의 선택의 기로에 서서 나는 어떤 선택을 하고 있는가?

가공식품이 가정간편식으로 성장하는 현상에 대해 앞서 말한 영양 불균형 또는 나트륨 과다 등의 문제점을 지적하기도 한다. 이로 인해 당뇨, 성인병, 비만 등을 유발한다는 것이다. 물론 제품 자체의 문제도 있지만 이것을 이용하는 사람들의 불균형한 식습관도 그 원인 중 하나라고 생각한다. 아침 결식, 먹방, 야식, 과식 등의 잘못된 식사 패턴도 분명히 건강을 해치는 요인이 된다. 우리들은 골고루 균형 있게 먹어야 한다는 사실을 알지만 실제로는 그렇게 하지 못하고 있다. 왜 그럴까?

우리가 음식을 선택할 때를 가만히 생각해보자. 업무 중 스트레스를 받으면 초콜릿이나 달콤한 커피 같은 단것이 자꾸 당긴다. 고단한 날에는 퇴근 후 배달 어플리케이션으로 치킨과 맥주를 배달시켜 스스로를 위로한다. 자극적인 음식과 술은 일상생활에서 떼려야 뗄 수가 없고, 달콤하고 시원한 탄산음료 역시 주기적으로 먹지 않으면 견딜 수가 없다. 매일 야식으로 먹는 라면을 끊기는 불가능한 도전처럼 느껴진다. 말로는 다이어트 중이라고 하지만 음식 앞에서는 내일부터 하기로 결심하고 먹고 나서는 꼭 후회한다. 채소와 과일을 먹어야 한다는 것도 알지만 고기 반찬을 먹는 것이 나를 위한 보상인 것 같다.

이러한 음식들은 한두 번 정도 먹는 것은 문제가 되지 않는다. 하지만 섭취하는 횟수가 잦아지면 계속 먹고 싶고, 안 먹으면 견딜 수 없는 중독 현상이 나타난다. 나를 위한다고 했던 식품의 선택이 결국엔 마음과 몸을 해치는 선택이었던 것이다.

살기 위해 먹는 음식

음식을 먹는다는 행위는 영양소를 섭취하여 생명을 유지하는 기능적인 역할과 감각을 자극해 음식을 즐기기 위한 욕망 해소의 두 가지 개념으로 생각할 수 있다. 예로부터 배고픔은 음식에 대한 생리적 욕구로, 저혈당이나 공복감 같은 신호로 알게 된다. 배고픔을 느낀 조상들은 사냥하고 채집하면서 본능적으로 살기 위해 먹을 것을 찾아다녔다. 언제 또 음식을 먹을지 모르기 때문에 여분의 포도당은 몸에 지방으로 저장했다. 불과 몇십 년 전만 해도 보릿고개를 견뎌야 했을 정도로 생명을 유지하기 위한 영양소 섭취로서 음식을 먹어왔다. 그래서 먹을 것 걱정 없이 여분의 영양분이 몸에 축적된 통통한 외모가 부의 상징이었다.

쾌락을 위한 음식

하지만 경제가 발전하고 개인 소득이 증가되면서 먹을 것이 풍부해졌다. 외국의 다양한 음식이 우리나라에 등장하기 시작했다. 육류 소비량도 증가했다. 이제는 음식을 먹는다는 행위를 즐기고 있다. 최근에는 미식 맛집, 스타 셰프 등이 성장했다. 맛있게 많이 먹는 먹방이 등장하고 ASMR(Autonomous Sensory Meridian Response, 자율감각 쾌락 반응)을 이용해 먹는 소리를 즐기는 등의 적극적으로 오감으로 음식을 즐기는 트렌드가 유행하고 있다.

최근에는 단짠, 맵단, 흑당, 마라, 닭껍질 튀김 등 이색적이고 자극적인 음식이 인기를 끌고 있다. 특히 10~20대는 이러한 자극적인 맛에 도전하고 자신의 경험을 SNS를 통해 인증하면서 즐거움을 느낀다. 요즘 같은 저성장 시대에 부와 성공을 거머쥐기 어렵지만 맛있는 음식은 소소하고 확실한 행복을 준다고 생각한다.

우리는 배고픔을 느낄 때 신체적인 허기와 정서적인 허기를 느낀다. 식욕은 쾌락중추(시상하부)에 맞물려 있기 때문에 먹는 것이 단순한 영양 공급을 넘어 마치 마약처럼 우리 뇌에 작용할 수 있다. 몸에 영양소가 부족해서 뇌에 신호를 보내도 배고픔을 느끼고 먹방을 보면서 뇌에 자극이 가도 '맛있겠다. 먹고 싶다'라는 생각을 하게 된다.

또한 스트레스를 받으면 우리 몸에 행복 호르몬인 도파민(자극적이고 짜릿한 쾌감을 느끼게 하는 호르몬)과 세로토닌(은근하고 소소한 행복감을 느끼게 하는 호르몬) 분비가 줄어든다. 이때 우리의 뇌는 이 두 호르몬을 분비하기 위해 가장 빠르고 손쉬운 방법을 취하도록 신호를 보낸다. 바로 자극적이고 맛있는 음식을 생각나게 해서 섭취하게 하는 것이다. 이 기분에 길들여지면 이러한 음식 없이는 견딜 수 없는 중독 현상을 보이게 되는 것이다. 요즘같이 스트레스가 많고 불안, 외로움, 우울, 다이어트 강박과 같은 부정적인 감정이 많은 시대, 우리들은 소위 소울 푸드(Soul Food)라며 자극적인 음식으로부터 위안을 찾고 있다.

《감정 식사》의 저자인 음식 심리학자 수잔 앨버스(Susan Albers)는 심리적으로 안정된 날에는 모든 정보를 꼼꼼히 검토해보고 현명한 선택을 내릴 수 있다고 말한다. 하지만 분노, 슬픔, 스트레스와 같은 부정적인 감정에 시달릴 때면 그런 감정이 의사결정 시 고려해야 할 요인(맛, 영양소의 질, 시각적인 매력, 후회할 가능성)들을 압도해버린다고 설명한다.

이 말인즉, 건강한 식생활에 영향을 주는 여러 가지 요인 중에서 감정이야말로 음식을 선택하는 과정에서 가장 많은 영향을 끼친다는 뜻이다. 그래서 건강하게 골고루 잘 먹어야 하는 것을 알고 있지만 일단 부정적인 감정이 발생되면 이성적이 판단을 내리기 어렵게 된다. 이러한 부정적인 감정을 해소하기 위한 음식을 선택하게 되는 것이다.

건강한 입맛으로 리셋하자!

건강한 입맛으로 생활하는 가장 좋은 방법은 이성적인 판단을 내리기 어려운 상황이 되기 전에 일상생활에서 건강한 음식에 입맛이 길들도록 습관화하는 일이다. 가장 기본이 되고 자연스러운 방법은 식품 선택을 할 수 없는 아이 때부터 부모가 건강식의 입맛으로 길들여주는 것이다.

어른의 경우 평소에 간을 심심하게 해서 먹는 습관을 갖는 것이 중요하다. 자극적이라는 가정간편식도 충분히 심심하게 먹을 수 있는 방법이 있다.

《음식의 심리학》의 저자 멜라니 뮐(Melanie Mühl)과 디아나 폰 코프(Diana von Kopp)는 자신이 왜 그렇게 먹는지, 어떤 방식으로 먹는지 잘 이해하려면 자신의 음식 반경을 비판적으로 살펴보아야 한다고 말한다. 스마트폰에는 클릭만 하면 집 앞에 모든 것이 도착해 있는 온라인 쇼핑, 새벽배송, 배달 어플리케이션이 있다. 밖에는 몇 걸음만 나가면 간단한 즉석조리식품을 살 수 있는 편의점이 우리 일상

깊숙이 들어와 있다. 그렇다면 이제 눈을 돌려 건강한 가정간편식을 찾아 자신의 음식 반경에 두어야 할 때다.

가공식품의 영양 불균형과 나트륨 과다 등의 문제점을 지적하기만 할 때가 아니라 이러한 문제를 이해하고 현명하게 이용하는 것이 앞으로는 중요하다. 이제 식품을 선택할 때의 기준을 자극적이고 맛있는 맛의 비중을 줄여보는 쪽에 두고 식품 선별법을 연습해보자. 수많은 가정간편식 중에서 자신에게 도움이 되는 음식을 골라 먹어보자. 건강한 가정간편식의 공급을 늘리기 위해서는 소비자들의 니즈를 적극적으로 표현하는 것이다. 이것이 가공식품의 위협에서 우리의 건강을 지키는 방법이라고 생각한다.

"무엇을 먹었는지 말해달라. 그럼 당신이 어떤 사람인지 말해주겠다."

– 장 앙텔름 브리야사바랭(Jean Anthelme Brillat-Savarin)

세 살 입맛 여든 간다

아이 입맛, 왜 중요한가?

대학교 시절, 학교 앞 '콜드스톤'이라는 미국 브랜드의 아이스크림 가게에서 아르바이트를 한 적 있다. 다양한 맛의 아이스크림 베이스에 수십 가지 토핑 중 서너 가지를 선택하면 그 자리에서 차가운 화강암 돌판 위에서 비벼주던 곳이었다.

아직도 기억에 남는 아이스크림 베이스 중 '케이크 배터'라는 맛이 있었다. 이름과 맛이 너무나 생소해서 그 이유를 매니저에게 물으니, 미국 사람들이 어린 시절에 카스텔라를 구워주는 엄마 옆에서 케이크 반죽을 손가락으로 찍어 맛보던 행복한 추억을 모티브로 개발된 맛이라고 했다. 그 당시에는 어떻게 이런 맛을 행복한 추억으로 기억할 수 있을까 갸우뚱하며 신기해하기도 했다.

하지만 지금의 나는 어릴 때 먹던 맛을 행복하게 추억하고 있다. 옛날의 반찬을 기억해보면 우리가 좋아하는 반찬과 엄마가 좋아하던 반찬이 달랐다. 왜냐하면 고사리나물 무침, 부침개, 미역국, 갓김치 등에는 젓가락이 잘 가지 않았으나 종종 밥상에 올라왔기 때문이다. 그런데 지금 내가 그것들을 그리워하고 있다. 가끔 심신이 지치면 그 맛을 떠올리며 만들어보기도 한다.

반면에 남편은 기숙사와 자취 생활을 오래해서 인스턴트식품에 친숙하다. 그가 좋아하는 음식은 즉석밥, 참치와 통조림 햄이다. 특히 오*기 크림수프를 좋아한다. 한번은 다른 브랜드의 크림수프를 해준 적이 있는데, 원래 먹던 맛이 아니라는 것을 귀신같이 알아챈 적도 있다. 정말 세 살 입맛이 여든 간다는 말을 몸소 체험하고 있다.

내 딸은 여섯 살이다. 어릴 때부터 친숙하게 접해온 음식을 떠올리고 그러한 맛을 선택하는 어른이 되고 보니, 나중에 내 딸도 어른이 되어 생각나는 음식이 잘 차려진 밥상이 될지 인스턴트식품이 될지 상상해보게 된다. 그래서 내 아이에게 주는 음식을 허투루 줄 수 없게 되었다. 나의 표정, 행동, 말투를 스펀지 흡수하듯 식습관 또한 그럴 것이기 때문이다.

또한 서구화된 식문화와 영양 과잉의 식품들이 아이의 비만, 성조숙증, 알레르기, 아토피, ADHD(주의력결핍 과잉행동장애) 등과 연관 있다는 연구 결과를 접하면서 이것들로부터 내 아이를 지켜주고 싶었다. 식품 전문가로서 태어날 때부터 음식에 대해서는 나만의 기준으로 챙겨주고 있다.

어릴 때 형성된 입맛은 성인이 되었을 때 음식을 선택하게 하는 지표로 사용된다. 입맛은 선천적으로 타고난 입맛 예민도와 후천적으로 습득되는 맛의 선호도 사이에 존재하는 복잡한 상호작용으로 결정된다. 그래서 생애주기별로 아이들의 특징에 대한 이해가 필요하다. 그래야 아이들의 성장 곡선에 따른 영양소의 균형을 제대로 맞추어줄 수 있다.

유아기, 빠르게 성장하고 발육한다

유아기 어린이들은 빠른 성장 발육기에 있다. 유아교육학자 벤저민 블룸(Benjamin Samuel Bloom)에 의하면 인간 두뇌의 50%가 만 3세까지, 80%가 만 6세까지 발달한다고 한다. 신제 발달 또한 만 5세가 되면 출생 시 키의 약 두 배가 되며, 몸무게는 여섯 배가 될 정도로 급격하게 성장한다. 두뇌와 신체 발달의 대부분이 이 시기에 이뤄지기 때문에 적절한 영양 공급은 필수다. 그렇기 때문에 아이의 먹는 문제는 매우 중요하다.

아이들은 태아기 때부터 엄마 탯줄에서 제공된 단맛에 반응을 한다. 신생아 역시 모유의 유당 성분이 단맛이기 때문에 단맛을 가장 편안하게 느낀다. 이는 인류가 생존을 위한 주 에너지의 근원이 단맛(포도당)에서 기인하는 것을 본능적으로 습득하고 우리의 유전자로 전달받은 결과다.

반면에 쓴맛이나 새로운 음식에는 유독 거부 반응을 보이기도 한다. 이유식을 시작하는 6개월에서부터 만 2~5세 시기에는 이러한 경향이 심해지는데 이러한 현상을 '푸드 네오포비아(Food Neophobia)'라고 한다. 태어나 본능적으로 새로운 것, 낯선 것을 경계하고 공포감을 표현함으로써 부모에게 도움을 요청하는 본능적인 행동이다. 그래서 아이가 과일을 좋아하고 채소를 싫어하는 것은 자연스러운 현상인 것이다. 그래서 이 시기부터 성장에 도움을 주는 새로운 음식을 자주 접해주며 친숙성을 늘려주는 것이 매우 중요하다. 최소한 여덟 번 정도는 노출되어야 아이들이 싫어하는 음식을 좋아할 수 있게 된다. 횟수만 들어도 부모의 인내심이 많이 필요한 시기임을 짐작할 수 있다. 만일 부모인 내가 즐겨 먹지 않는다면 여덟 번이란 횟수는 부모에게도 스트레스로 작용할 것이다.

초등학생, 신체와 정신이 같이 발육한다

초등학교 시기에는 신체적, 정신적으로 발육이 왕성한 시기이며 균형 잡힌 식생활을 통해 바람직한 체형과 인성이 형성되기도 한다. 방과 후 여가 시간이 생기고 주체적인 선택이 가능할 시기이기 때문에 불량식품, 패스트푸드, 탄산음료 등에 자주 노출된다. 섭취하는 식품의 칼로리와 나트륨과 당, 지방 등의 특정 영양소 과량 섭취는 소아비만, 당뇨 등 질병의 원인이 되기도 한다. 특히, 아침 식사 결식, 편식, 식사 시간의 규칙성, 식품 기호도의 균형성 등에 따라 어린이들의 인성과 책임감, 사회성, 우월성, 안정성, 학업 성취도 등에서 뚜렷한 차이를 보인다.

청소년기, 급성장하고 급발진한다

제2의 성장기인 청소년기는 급격한 생리적, 심리적, 사회적 변화를 겪는 시기로서 신체적 성장과 함께 성적 성숙을 이루는 중요한 시기다. 영양소 필요량이 그 어느 때보다 크기 때문에 적절한 영양 관리가 중요하다. 하지만 실상은 그렇지 못하다. 조기 등교로 인한 아침 식사 결식률이 높고 자신의 체형에 대한 왜곡된 인식이나 외모에 대한 지나친 관심으로 인한 부적절한 체중 조절 등으로 적절한 영양 관리가 잘 이뤄지지 않고 있다. 또한 접근이 편리한 편의점 등에서 입맛에 익숙하거나 스트레스를 해소하기 위한 자극적인 가공식품 구매 행동을 하고 있어 식품에 대한 올바른 교육이 필요하다.

그렇다면 우리 아이의 올바른 입맛과 식생활에 대하여 부모들은 어떻게 해야 할까? 이렇게 중요한 우리 아이의 영양 섭취를 외부에만 의존할 것인가? 올바른 영양 섭취에 대한 필요성을 강조하면서 학교에서 집단 영양 교육으로 급식을 운영하고 있지만 이미 자극적인 음식 맛에 길들여진 아이들의 입맛을 되돌리기에는 한계가 있다. 따라서 일찍부터 가정에서 올바른 식습관에 대한 노력이 필요하다.

강조하고 싶은 것은 올바른 영양 지식과 선택 그리고 지속적인 관심이다. 생애주기에 필요한 균형 있는 영양을 취하면서도 식사를 준비하는 데 드는 시간과 힘든 노동을 줄여주는 방법은 바로 가정간편식을 이용하는 것이다. 이렇게 간편하게 준비하고 절약한 시간은 아이와 함께하는 식사 시간으로 활용할 수 있다. 가정간편식의 장점은 취하면서도 단점을 보완하기 위해서는 가정간편식에 대한 충분한 이해가 필요하다.

귀찮다고 아이들이 좋아할 것 같은 피자나 치킨으로 죄책감을 덜어내는 것은 이제 그만하자. 아기 때 올바른 입맛을 형성해주고 초중고 성장 시기에는 올바른 영양 지식, 식품에 대한 선택 기준 등 제대로 된 정보를 알려주어 평생 자신의 몸을 건강하게 지키며 살아갈 수 있는 방법을 터득하도록 해야 한다. 아이의 세 살 입맛이 평생의 입맛과 건강을 좌우하기 때문이다.

가공식품이 해롭다고?
그건 옛날이야기!

가정간편식으로 진화하는 가공식품

과거의 식품회사는 식품을 대량생산하고, 이를 오래 보관하면서 판매할 수 있는 제품을 시장에 내놓았다. 집에서 만들기 어려운 두부를 대량으로 생산하고, 살균 설비를 이용하여 상온에서 보관하기 쉽고 유통기한을 늘린 카레를 내놓는 식이었다.

이런 이유 때문에 가공식품은 저가품이라는 인식이 강해서 한 끼 대충 때우는 용도로 사용되었다. 맛있는 음식이 먹고 싶으면 외식을 하면 그만이었다.

뿐만 아니라 각종 식품 사고들이 연이어 발생되면서 소비자들이 가공식품에 대한 불신을 가지게 되었다. 가공식품만 먹으면 영양 불균형으로 각종 성인병에 노출된다는 정보가 소비자들을 가공식품으로부터 점점 멀어지게 했다.

하지만 요즘은 가정간편식에 대한 수요와 공급이 늘어나면서 영양 균형이 제대로 잡히고 맛도 좋은 가공식품들이 줄지어 출시되고 있다. 블루오션이라 인지된 시장이니 너도나도 이 시장에 뛰어들고 있다.

경쟁이 심화되어 비슷한 메뉴여도 차별화 포인트를 얹어서 소비자의 선택을 기다리고 있다. 기존의 친숙한 메뉴뿐만 아니라 유명 셰프의 레시피, 지방의 유명한 맛집 메뉴, 해외여행 가서나 맛볼 수 있는 음식들도 가정간편식으로 접할 수 있다.

가공 공정의 정교화, 설비 기술의 발달 등으로 품질도 점점 좋아져 가공식품은 이제 새로운 이미지를 형성하고 있다. 현대 소비자들을 만족시키기 위한 식품회사의 노력은 끝이 없다고 해도 지나친 말이 아니다.

제품 출시 및 관리 프로세스

내가 속한 회사의 경우, 대기업들이기 때문에 오랜 기간 동안 다양한 종류의 제품을 톤 단위의 물량으로 생산해왔다. 특히 소비자들이 섭취하는 식품이다 보니 제품의 안전을 위해 시스템을 구축하고 프로세스에 따라 제품을 출시하고 관리한다.

제품을 출시하기 위해서 먼저 시장조사를 통해 시장이 원하는 제품을 예측한다. 어떤 메뉴를 상품화할지 결정되면 제품에 어떤 원료를 사용할지를 조사한다.

원료도 아무거나 사용할 수 없고, 정부기관에서 제시하는 식품공전(제품 유형에 따라서 관리해야 하는 규격을 제시한 사전)을 근거로 관리되는 업체의 제품을 주로 사용한다. 처음 사용하는 원료의 경우 규격에 맞는 화학적(유해물질, 농약, 중금속 등) 검증 및 미생물(유해 미생물 등) 검증 실험을 통한 후 사용할 수 있다.

원료가 적합 인정을 받으면 제품의 레시피를 만든다. 여러 번의 테스트를 거쳐 만든 샘플 제품은 그 맛이 기준 이상이 되는지를 확인하는 소비자 시식 검증을 진행한다. 맛이 어떤지, 외관이 어떤지, 풍미는 어떤지 등의 항목에서 일정 이상의 점수 이상을 받아야 한다. 아마도 요즘 가공식품이 맛있는 이유는 이러한 프로세스를 통과한 제품인 덕분일 것이다.

그다음으로는 대량생산을 위한 설계를 진행하고, 이러한 설계가 적합한지 공장에 가서 테스트를 진행한다. 원료의 전처리, 배합에 맞는 원료 혼합 및 가열, 포장 및 냉각 등의 일련의 과정을 거쳐야만 제품이 생성된다.

이 과정 중 해로운 미생물이 가열을 통해 제거되는지, 뼈, 플라스틱 등의 이물이 발견되는지, 발견될 경우 어떻게 제거할지 등 공정 중 발생될 수 있는 문제를 예측한다. 예상되는 문제를 해결하는 방안을 제안하는 전문 부서의 검증이 진행된다.

생산 안정성이 검증되면, 정확한 배합 비율의 산출과 법률에 의

거한 표시 사항을 작성한다. 이때 신제품 생산 예정을 관할 구청에 보고하고 '품목제조 보고서'라는 서류를 발급받아야 한다. 서류 작업이 마무리되면 디자인과 표시 사항, 주 표시면의 정보 등을 반영하여 제품의 용도에 맞는 포장재 성분과 디자인을 설계한다.

제품이 출시되면 생산한 제품에 대해 주기적으로 규격에 적합한 상태인지 확인한다. 대기업의 경우 제품 출시를 위한 프로세스를 설정하고 이것이 잘 수행될 수 있도록 협업할 수 있는 부서가 세분화되어 있다. 작은 규모의 회사에 비해 비교적 전문적으로 관리된다는 이점이 있다.

품질 향상의 노력

최신 설비 및 가공 기술은 가공식품의 품질을 좋게 한다. 찰리 채플린의 영화 〈모던 타임스〉에 나오는 한 장면처럼 거대한 설비 몇 대만 놓으면 빠른 속도로 일정한 모양의 가공식품을 원활하게 생산할 수 있다.

소품종 대량생산 방식은 저렴한 가격으로 소비자들이 가공식품을 구매할 수 있는 이유였다. 하지만 최근에 나오는 가정간편식의 품질은 집에서 만든 것 같다. 집에서 만든 음식도 가공식품화할 수 있도록 생산 공정을 설계할 수 있다. 주방과 시스템은 유사하지만 그 규모만 확장한 CK(Central Kitchen) 스타일의 공장이 등장하여 다품종 소량생산이 가능하게 되었다.

몇 가지 예를 들자면 레토르트(Retort) 설비를 밥을 짓는 방식과 유사하도록 설계하여 상온에서 보관할 수 있으면서도 갓 지은 밥보다 맛있는 즉석밥을 만들 수 있다. 냉동과 해동 시 제품의 얼음 크기가 더 이상 커지지 않도록 급속 동결 방식을 사용하면 냉동식품의 품질이 좋아진다. 진공 상태에서 튀김을 하면 낮은 온도에서 튀길 수 있다. 그렇기 때문에 고온의 기름에서 발생될 수 있는 유해물질 생성을 억제하면서도 바삭하게 건조된 채소 과자를 만들 수 있다.

이전에는 소고기 맛을 내려면 다시다 같은 조미료를 사용하거나 화학적으로 분해하여 농축한 원료를 많이 사용했다. 하지만 최근에는 자연스러운 국물 맛을 내기 위해 직접 소고기를 우린 육수를 농축해서 사용하기도 한다. 생선, 어패류, 건조 나물, 곱창 등 집에서 다루기 어려운 식재료를 이용한 제품도 출시되고 있다. 사실 이러한 원물은 대량으로 구하기도 어렵고 공장에서 다루기에도 어렵다. 하지만 소비자들의 편리를 위해 이러한 어려움도 무릅쓰고 원료를 관리하는 기술도 개발하고 있다.

이러한 정교화된 설비는 가공 공정을 과학적으로 분석하고 공정상 발생되는 품질 저하의 문제를 해결하는 방향으로 발전되고 있다. 다만 이러한 가공 공정은 기존 공정에 비해 다소 복잡하기 때문에 가공 비용이 증가되어 제품의 가격이 오르는 단점도 있다. 하지만 좋은 품질이면 그만 한 비용을 지불할 의사가 있는 소비자들은 고품질의 제품이 더 나와주기를 바라고 있다. 업체들의 기술 경쟁은 가정간편식을 이용하는 소비자들에게는 희소식이다. 앞으로는 위생 차별화, 저염, 특정 영양 강화, 채식주의자를 위한 제품 등 그 카테고리도 세분화될 것이다. 따라서 소비자들은 현명하게 선택해서 편리하게 먹기만 하면 된다.

외식에 관한
불편한 진실

삼겹살 파티는 밖에서

바쁜 한 주가 끝난 여유로운 주말 저녁, 무엇인가 특별한 음식을 먹고 싶다. 적당히 집에서 늦은 아침 식사를 챙겨먹고 설거지도 한판 했으니 저녁은 아무것도 안 하고 편히 먹고만 싶다. 한 주 소진했던 나를 위해, 또 우리 가족을 위해 영양 보충도 하고 싶어서 향한 곳은 집 앞 단골 삼겹살집이다. 집에서 먹는 삼겹살은 생각만 해도 심난하기 때문이다.

삼겹살을 집에서 굽는 날엔 주방이 온통 기름 바다가 되고 다 먹고 난 뒤에는 온 집 안에 삼겹살 냄새가 진동을 한다. 먹는 기쁨의 순간은 짧고 뒤처리 순간은 길기만 하다.

설거지도 어찌나 난감한지, 외식비 한번 아껴보자고 집에서 구워 먹었다가 너무 힘들고 성가셔서 포기했다. 집에서 먹으면 비용을 아낄 수 있는 장점도 있지만 주말 저녁은 우리 가족을 위해 이 정도의 외식비는 지출할 수 있다는 마음의 여유를 가진다면, 온 식구가 편안히 고기 외식을 즐길 수 있다.

분위기를 바꾸어, 예쁜 인테리어의 가게에서 유니크한 그릇에 먹음직스럽게 음식을 담아 서빙해주는 핫한 레스토랑이라면 그곳이 어디라도 찾아가는 게 휴일의 작은 기쁨이 될 것이다.

가정간편식이 등장하기 전에는 외식이 식사의 큰 비중을 차지했다. 가정간편식이 생긴 요즘에는 외식 시장이 감소되는 추세지만 배달을 이용하면 집에서도 외식 음식을 먹을 수 있다. 그래서 나는 외식 음식도 간편식의 넓은 개념으로 볼 수 있다고 생각한다. 그리고 그런 만큼 외식 음식에 대해서도 한 번쯤 생각하고 먹어야 할 때가 왔다고 생각한다.

외식의 탈을 쓴 간편식

대학생 때 신촌의 한 카페에서 아르바이트를 한 적이 있다. 원래는 음료만 판매하는 스터디 카페였으나 점점 잘되서 음식을 판매하는 지점으로도 사업을 확대하고 있었다.

그 당시 사장님은 요리사 직원들과의 마찰로 음식 사업에 대한 어려움을 토로하곤 했다. 그래서 어떻게 하면 요리사 없이도 간편하게 메뉴를 만들 수 있을지 고민했다.

레스토랑이라면 요리사가 직접 만들어내는 곳이라고 생각했는데, 이미 만들어놓은 제품이 레스토랑에서도 필요하다는 것을 처음 알게 되었다.

이후 알게 된 이야기는 다국적 햄버거 가게에도 주방에서 햄버거를 만드는 사람들이 대부분 아르바이트 학생이라는 것이다. 그렇다면 햄버거 조리 과정이 단순해야 하고 빠르게 제공되어야 하기 때문에 거의 반조리된 제품으로 업체에서 납품받아 조립하는 정도로 햄버거를 만들어 제공한다고 한다.

식품회사에 입사해서도 처음 담당했던 제품은 유명 프랜차이즈에 제공하는 냉동 볶음밥이었다. 기본 조미료와 양파만 넣은 베이스 타입의 볶음밥을 냉동으로 전국의 프랜차이즈 매장에 제공하면 매장에서는 음식 콘셉트에 맞는 소스와 건더기만 준비해서 빠른 시간 내에 메뉴를 뚝딱 만들어낸다. 이런 타입의 제품이 필요한 이유는 간편성 때문이다.

레스토랑에서 볶음밥을 만든다고 할 때의 과정을 생각해보자. 쌀을 불려 밥솥에 밥을 짓고 그 밥에 소스와 건더기를 섞어 밥을 볶아낸다. 이때 쌀을 불려 밥솥에 밥을 짓는 과정은 레스토랑에서도 매우 번거로운 일이다. 별도로 쌀을 보관하거나 밥을 하는 공간이 협소할 수도 있다.

특히 볶음밥을 사이드 메뉴로 파는 곳의 경우는 볶음밥 주문이 언제 들어올지 예측하기가 어렵다. 뿐만 아니라 미리 밥을 해놓으면 밥이 노화되어 품질도 좋지 않다.

그런데 냉동 볶음밥이 있다면 주문이 들어오면 냉동고에서 바로 꺼내서 소스를 더해 볶으면 10분 이내로 메뉴를 만들 수 있다. 메뉴가 많은 밥집에서도 모든 원료를 다 구비하기 어렵기 때문에 냉동 볶음밥을 많이 이용한다. 결국 음식점에서도 간편식을 이용한다는 이야기다.

특히 퇴직금으로 치킨 집을 창업한다는 이야기가 많을 정도로 외식 자영업은 진입 장벽이 낮다. 그래서 많은 사람들이 시도하고자 하는 영역이다.

프랜차이즈는 자본금만 있다면 매장을 열기가 쉽도록 시스템이 갖춰져 있다. 매장에서도 간단 조리만 해도 맛있는 메뉴를 쉽게 만들어낼 수 있도록 원료 전처리에서부터 소스의 맛, 메뉴의 구성과 콘셉트를 제공한다. 뿐만 아니라 레스토랑 운영 시스템 등을 공급해주면서 외식업을 모르던 사람도 시행착오를 최대한 줄이면서 매장을 운영할 수 있게 된다.

프랜차이즈 매장 수가 많아지면 공급하는 반제품의 원료의 양도 많아지기 때문에 이 역시 식품 공장에서 제조된 표준화된 제품을 제공한다. 지방의 유명한 맛집도 이러한 표준화 과정을 거치면서 전국적으로 매장 수를 차츰 늘려가기 시작한다. 가끔 프랜차이즈 음식점에서 음식을 먹으면서 그곳의 주방을 주의 깊게 살펴보면 알고 있는 회사의 라벨이 붙여진 소스 파우치를 볼 때가 있다. 소스 맛이 어쩐지 특색 있고 자극적이다 싶었다.

외식도 올바른 먹거리가 될 수 있도록

마트에서 구입하는 제품은 표시 사항이라도 확인할 수 있지만 음식점에서 먹는 음식은 그 성분을 확인하기 어렵고 주원료의 원산지 정도만 확인할 수 있다. 소비자에게 직접 판매하는 제품은 좀 더 꼼꼼하게 관리하는 경향이 있지만 업체에 제공되는 제품은 다소 느슨하게 관리되기도 한다. 엄밀하게 말하면 반제품 원료로서 공급되는 것이고, 최종 제품은 레스토랑에서 최종 조리되어 제공되기 때문이다.

위생도 중요하다. 백종원 씨가 음식점의 문제를 개선해주는 프로그램을 본 적이 있다. 그 프로그램을 보면 작은 식당을 하는 사장님들은 '집에서 음식을 만들던 것처럼 하면 되겠지', '맛있는 음식을 만드는 노하우가 제일 중요하겠지' 하는 생각으로 장사에 접근하는 것을 흔히 볼 수 있다.

음식점 창업을 쉽게 시작할 수 있다 보니 그렇게 쉽게 생각하고는 맛에 치중하느라 위생에 대한 인식은 조금 부족한 것이 사실이다. 이런 상황에서 전문가가 음식점의 환경을 개선해준다는 것은 운영자뿐만 아니라 소비자에게도 환영받을 일이다. 개인적으로는 그 프로그램이 전국적으로 모든 음식점의 위생 상태를 확인하고 개선해주었으면 하는 바람이 있다.

설탕 레시피를 전수한 요리 연구가

10년 전 유명한 요리 연구가에게 요리 수업을 들은 적이 있다. 음식 사업을 준비하는 수강생들에게 그분은 이렇게 말했다.

"여러분의 음식이 맛있다고 느껴지려면 설탕을 조금 더 넣으세요. 그래야 사람들이 맛있다는 인상을 받아요."

그분이 이야기하는 레시피의 비법(?)을 듣고 적잖은 충격을 받았다. 외식 음식이 자극적인 이유였던 것이다.

내가 운영하는 음식점이 잘되려면 먹어본 사람들이 맛있다고 느껴야 한다. 그래야 다시 방문하든지 "이 집이 맛있어요"라고 소문을 낼 것이 아닌가. 그렇게 조금 더 달게 만들라는 영업 비밀을 그 요리 연구가는 알려주고 있었다. 특히 술을 판매하는 음식점의 음식 맛이 더 자극적이다. 술에 취하면 맛을 느끼는 감각이 무뎌진다고 한다. 술과 함께 먹어도 맛있게 느껴지게 하기 위해서는 안주 맛이 자극적이어야 한다.

이런 이야기들을 읽으면서 소비자들은 마음이 불편할 수도 있고 일부 운영자들은 불쾌할 수도 있을 것이다. 그럼에도 불구하고 이런 이야기를 하는 이유는 외식도 올바른 방향으로 발전했으면 하는 바람이 있기 때문이다. 이러한 외식의 특징을 이해하고 외식 음식도 가정간편식처럼 이용하는 현명한 방법을 고민해야 한다고 생각한다.

가정간편식 시장이 뜨면서 외식 시장이 감소하는 경향이 있지만 밖에서 일을 하는 사람이라면 외식을 이용하지 않을 수 없다. 만사 귀찮을 때는 배달 어플리케이션으로 외식 음식을 배달시킬 수도 있다. 분위기 전환을 위해, 나를 드러내는 SNS를 하기 위해서는 외식도 같이 이용해야 한다. 불편하다고 외면할 게 아니라 외식도 올바른 먹거리가 되도록 운영자도 소비자도 같이 고민해야 할 때다.

2장

가정간편식으로 대충 때운다고? 천만의 말씀

나는 우리 집
가정간편식 요리사

한식을 좋아하는 소녀와 가정간편식의 만남

내가 가정간편식 전문가가 된 배경에 대하여 나의 찬란한 청년 시절 이야기를 잠깐 해볼까 한다. 어릴 때 과학을 좋아했다. 고등학교 때 화학 동아리 활동도 하고, 대학 전공도 의심 없이 화학과에 진학했다. 그러나 대학교 화학 전공 수업은 참으로 난해했다. 물 분자에서 산소와 수소의 길이를 어떻게 재는지 과학자마다 주장하는 이론과 공식을 알아야 했다. 지금 생각해보면 나는 순수학문보다는 실생활에 응용할 수 있는 응용학문에 흥미를 느꼈던 것 같다.

아무튼 4학년 마지막 학기 전공 수업 강의실에 앉아 있는 내 눈은 동태눈을 한 고3 수험생의 눈이었다. 수능 날만 빨리 지나가기를 바라는 수험생의 마음을 갖고 있다는 것을 깨달았다. 그런 마음으로 평생 살고 싶지 않았다.

설레는 공부를 하고 싶다고 마음을 먹고 졸업을 앞두고 내가 무엇을 좋아하는지 다시 고민하기 시작했다. 먹는 것이라면 자신 있었던 나는 특히 한식을 좋아했다. 전업주부였던 엄마께서 꾸준히 7첩 반상을 챙겨준 덕분이었다. 무엇을 좋아하냐고 묻는 소개팅 남에게 "한식을 좋아해요. 스파게티 먹고 집에 가서 라면 끓이지 말고 우리 한식 먹으러 가요"라고 당당히 말하던 나였다.

우연히 참석하게 된 한식 세계화 포럼에서 '내가 할 일이다!'라며 유레카를 외쳤다. 한식 세계화의 꿈을 품고 식품으로 전공을 전향하게 되었다. 요리를 과학적으로 해석한 분자 요리로 세계적으로 유명한 스페인의 페란 아드리아(Ferran Adrià) 같은 한식 요리사가 된 내 모습을 상상해보기도 했다. 그래서 레스토랑 주방에서 아르바이트도 하고, 해외 요리 학교를 졸업한 선배님께 조언도 구하며 꿈과 현실의 간격을 좁혀 나갔다.

그 당시 내가 선택한 방법은 대학원에 진학하는 것이었다. 식문화를 연구하던 연구실에 입학하여 우리나라의 음식 문화에 대한 다양한 연구를 접해보았다. 고문헌, 한식 조리, 음식 문화, 소비자 관능 조사, 가전제품 기능 분석, 메뉴 개발, 한식 세계화 등 음식과 관련된 다방면의 전문가를 만나고 공부할 수 있었다. 그것들을 공부하는 것은 너무나 재미있었다.

어떻게 하면 한식을 세계화할지에 대한 고민을 하던 중 뇌리를 스치는 것이 있었다. 그 당시 식품업계는 한식의 세계화를 외치고 있지만, 정작 국내 시장에서는 2만 원짜리 김치찌개가 비싸다고 생각했다. 심지어 5,000원짜리 백반에도 다섯 가지 이상의 반찬이 있어야 한다고 요구하고 있었다.

이러한 현상이 벌어지게 된 원인을 나는 '엄마가 해주시는 집밥'이라는 기준이 있기 때문이 아닐까 하고 생각했다. 어느 음식점의 한식을 먹어도 '이 정도라면 우리 엄마 음식이 더 맛있다' 또는 '나도 할 수 있겠는데?'라는 생각이 한식의 성장과 세계화를 저해하는 것은 아닐까? 그렇다면 이러한 현상을 역으로 이용하면 어떨까? 외국인들이 집에서도 간편하고 저렴하게 조리해 먹을 수 있는 한식 소스나 반제품이 있다면 한식 세계화가 좀 더 쉬워지지 않을까라는 결론에 다다랐다.

그래서 일단 한국에서 가장 큰 식품회사에 들어가서 그러한 제품을 만들어보자고 결심하게 되었다. 채용 시장에서 한식 세계화에 대한 나의 생각을 어필했고, 감사하게도 그것을 알아봐준 지금의 회사에 입사하게 되었다. 그리고 이때부터 가정간편식과의 인연은 시작되었다.

음식은 맛으로만 먹는 것이 아니다

한식 세계화를 꿈꾸던 당차던 신입사원은 소위 전쟁터라는 사회생활에 적응을 하다 보니 어느새 8년이란 세월이 흘렀다. 그동안 냉동식품개발팀에서 냉동식품을 주로 개발했다. 뷔페식 레스토랑의 볶음밥, 편의점, 대형마트에 진열되어 있는 제품 다수를 개발했다. 최근에는 에어프라이어 유행에 맞춰 냉동 튀김류 제품을 개발했다. 이곳에서는 소비자들의 트렌드를 파악하여 소비자들이 원하는 제품 콘셉트를 구체화한다. 회사 내 신제품 출시 시스템에 따라 신제품을 만들어냈다. 내가 설계한 제품을 대형 마트나 편의점 진열대에서 볼 수 있다는 것이 신기했다. 이렇게 출시된 제품들에 대해 마치 열 달을 내 배 속에 품은 아이를 낳은 것처럼 애착도 갖게 되었다. 이렇게 8년간 회사 생활을 하는 동안 결혼도 하고 아이도 낳아 워킹맘으로 바쁘게 살아가고 있었다.

그러던 어느 날, 신제품 아이디어를 위한 회의 자리에서 한 소비자가 이렇게 인터뷰하는 내용을 보게 되었다.

"냉동식품의 유통기한은 왜 이렇게 길까요? 혹시 보존료가 들어간 게 아닐까 걱정돼요. 그래서 우리 아이에게 사주면서 미안한 마음도 들어요."

걱정스러운 눈빛으로 말하는 소비자를 보고 나는 속으로 의아했다.

'어? 저 제품에는 보존료를 넣지 않았는데…… 표시 사항만 보면 알 수 있는데 왜 모르지?'

나는 소비자에게 직접 말해주고 싶었다.

이뿐만 아니라 제품을 개발하면서 드는 의문들도 많았다.

'왜 다들 맛있는 음식만 좇을까? 음식은 맛이 전부가 아닌데.'

식사라고 하는 것은 맛의 즐거움을 주기도 하지만 다양한 영양소가 우리 몸에 들어가 세포가 되는 굉장히 중요한 과정이다. 그래서 식사를 위한 음식을 단지 맛으로만 선택하는 것은 위험하다고 생각한다. 최근 소비자들이 맛있는 음식을 찾고, 맛있는 음식의 매출이 좋다 보니 신제품을 개발할 때 연구원들이 비중을 두어야 하는 기준이 '끌리는 맛'이 되었다. 물론 그 덕분에 가공식품의 맛 품질이 과거에 비하면 많이 향상되었다. 하지만 음식의 맛이 전부는 아니라는 것을 꼭 말해주고 싶었다.

그럼 외식은 좀 나을까? 요즘 프랜차이즈 음식점에서 사용하는 대부분의 제품은 가공식품회사에서 만들어낸 표준화된 제품인데, 소비자들은 이것도 알고 있는 걸까? 이것도 말해주고 싶다.

이러한 사명감으로 나는 사람들이 건강하게, 간편하게 잘 먹을 수 있는 가정간편식에 대한 정보를 알려주기로 결심했다. 그래서 나는 가정간편식 전문가로서 세상에 나오게 되었다.

앞서 한식 세계화에 근접할 방법으로 언급한 음식의 간편성은 개인의 라이프스타일이 중요한 요즘 시대에도 필수적인 요소다. 나도 요리를 좋아하지만 워킹맘으로 살고 있는 이상 옛날의 우리 엄마처럼 항상 식사를 준비할 수 없다.

대안으로 선택한 가정간편식을 구매하면서 언제까지 불안하고 미안해해야 하는 걸까? 초등학생부터 은퇴하신 부모님까지 세대를 불문하고 개인의 취향이 중요해진 만큼 스스로를 위한 식품을 선택하는 기준은 어디쯤일까? 귀찮다고 아무거나 먹기에는 우리 몸은 너무나 소중하다. 식품과 관련된 정보는 넘쳐나고 신제품은 쏟아지고 있는데 이 속에서 우리는 어떤 선택을 해야 하는 것일까? 질문에 대한 답을 함께 고민하면서 가정간편식에 대한 현 주소와 유용한 정보를 여러분들에게 공유하고자 한다. 궁극적으로는 미래의 가정간편식의 모습이 소비자에게 이로운 방향으로 성숙해졌으면 하는 바람이다.

이보다 더 편할 수 없다

가정간편식, 폭풍 성장하다

가정간편식은 나날이 전성기를 맞고 있다. 요즘 소비자들은 여성들의 사회 진출 확대, 1인 가구의 증가, 개인의 라이프스타일을 존중하기를 원한다. 그래서 식품을 선택할 때도 복잡한 조리 과정 없이 각자 취향에 맞는 음식을 즐기기를 원하고 있다. 뿐만 아니라 장기적인 경기 침체에 따른 소비심리 위축으로 외식보다 저렴하게 집에서 식사하고자 한다. 게다가 미세먼지, 폭염, 전염병 등으로 외출이 어려운 경우 외식의 빈도는 줄고 가정간편식이 각광을 받고 있다.

한국농촌경제연구원에 따르면, 2013년 시장 규모가 2조였던 가정간편식이 최근 2017년에는 3조 7,000억 원 정도의 규모로 폭풍 성장했으며, 2022년에는 5조 규모로 성장할 것으로 전망하고 있다. 연평균 21%씩 성장하는 가정간편식 시장은 블루오션으로 떠오르고 있어 기존 식품업계는 공장과 연구 분야에 투자를 하여 제품의 품질을 향상시키고 있다. 유통, 제약, 바이오, 호텔 등 다양한 산업에서도 가정간편식 시장에 진입하고 있다. 모바일 쇼핑의 활성화로 택배와 냉장·냉동·포장 기술의 발전 등 사회 인프라가 갖춰진 기술적인 영향도 있다.

매일 쏟아지다시피 하는 가정간편식을 이용하는 것은 불가피한 상황이 되었다. 다양한 가정간편식을 잘 이용하면 한 끼 식사가 더 이상 때우는 것이 아니게 된다. 최소한의 노력으로 소박하거나 혹은 근사하게 대접할 수 있다. 우리가 할 일은 이제 보편화된 가정간편식을 좀 더 슬기롭게 이용하는 일일 것이다. 그러면 이렇게 주목받는 가정간편식이란 대체 무엇일까?

집밥도 대체하고 시간도 대체한다

흔히 가정간편식을 HMR(Home Meal Replacement)이라고 하는데 이를 직역을 하면 '집밥 대체품'이란 뜻이다. 단어는 많이 들어봤을지라도 가정간편식, HMR에 대한 공식적인 정의는 이뤄지지 않은 상황이다.

가정간편식의 조건에는 무엇이 있을까? 먼저 준비하는 과정이 간단해야 한다. 가정 외의 장소에서 음식을 준비하는 과정이 이미

| 가정간편식의 분류(식품 공전의 분류를 조정하여 재분류함) |

용어	식품 공전 분류			주요 제품
Ready to Eat (구입 즉시 섭취 가능한 제품)	즉석 식품류	즉석 섭취·편의 식품류	즉석섭취식품	도시락, 샌드위치, 햄버거, 김밥, 삼각김밥, 배달 음식 등
			신선편의식품	샐러드, 간편 과일 등
Ready to Heat (단순 가열을 통해 섭취 가능)			즉석조리 식품	즉석밥, 죽, 수프, 국, 탕, 찌개 냉동 도시락, 냉동 볶음밥 등
	만두류			냉동 만두 등
	조미식품		소스류	즉석 짜장, 즉석 카레, 스파게티 소스 등
	빵류, 떡류		빵류	냉동 피자, 핫도그 등
			떡류	즉석 떡볶이 등
Ready to Cook (RTH에 비해 장시간 가열이나 간단한 조리가 필요한 제품)	면류		생면/숙면/건면	볶음면, 우동, 쫄면, 냉면, 칼국수, 짜장면 등
			유탕면	라면
	식육가공품 및 포장육		식육 추출 가공품	갈비탕, 삼계탕, 곰탕 등
			햄류/베이컨류	닭다리, 샌드위치 햄, 베이컨 등
			분쇄 가공육	치킨, 미트볼, 함박스테이크, 떡갈비, 돈가스 등
			양념육	불고기, 껍데기, 무뼈닭발 등
			식육 함유 가공품	치즈 돈가스
	수산 가공식품류			생선구이, 어묵국 등
Ready to Prepare (원료 전처리 후 조리 해야 하는 제품)	복합 조합 제품			밀키트, 냉동 블록 채소

완료가 되어 포장을 제거하거나, 데우거나 끓이는 정도의 간단한 과정이어야 한다. 그다음으로 자신이 원하는 장소, 상황, 시간에 이용할 수 있어야 한다. 이 책에서 가정간편식을 구분하는 기준은 조리 단계를 얼마나 행했느냐에 따라 기존의 구분 개념을 조합해보고자 한다.

음식을 준비하는 단계는 '구매 → 세척과 절단 → 양념 또는 마리네이드 → 가열 조리 → 식사' 순서로 진행된다. 개별 구매 단계를 생략할 수 있는 제품은 RTP(Ready to Prepare, 최소한으로 손질된 제품)라고 할 수 있다.

세척과 절단 단계와 양념 또는 마리네이드 단계를 생략할 수 있는 제품은 RTC(Ready to Cook, 조리를 해야 하는 제품)라고 하는데, 가열 조리의 정도에 따라서 RTH(Ready to Heat, 데워서 먹어야 하는 제품)도 있다. 마지막으로 구매해서 바로 식사만 하면 되는 RTE(Ready to Eat, 바로 먹을 수 있는 제품)가 있다(각 구분에 따른 제품의 종류는 '가정간편식의 분류' 참조).

종류도 재료도 천태만상

RTP 제품은 밀키트(Meal 식사와 Kit 세트의 합성어. 미리 손질된 식재료와 소스가 함께 포장되어 있는 형태) 종류 중 채소의 전처리 정도에 따라 구분되기도 한다. 또한 냉장이나 냉동 보관이 가능한 다진 채소 등이 이에 속한다. 원재료를 세척과 절단하는 수고를 덜고 음식물 쓰레기 등을 최소화할 수 있는 장점이 있다.

RTC 제품은 일정 시간 동안 가열해야 하는 제품을 말하며, 대표적으로는 밀키트가 있다. 일상 식사로도 좋지만 손님을 대접하는 등의 특정 대상에게 최소한의 성의를 보일 수 있는 제품군이다. 처음부터 조리는 해야 하지만 각각의 채소를 구매해야 한다든지 조미료를 조합해서 맛을 내야 하는 부담을 줄여준다. 반면에 물 계량이나 불 조절 등의 개인차에 따라 최종 제품의 품질이 다를 수 있는 단점이 있다.

RTH 제품으로는 즉석밥, 죽, 수프, 국·탕·찌개류, 냉동식품류 등이 있으며 대부분의 가공식품이 여기에 포함된다. 전자레인지나 가스레인지와 같은 조리 도구로 데워서 따뜻하게 먹어야 하는 제품들이다. 이 카테고리를 선택하는 소비자는 온라인이나 오프라인 마트에서 구매한 후 원하는 시기에 취식할 마음과 간단한 조리를 할 의향이 있다. 조리 시 기타 부재료를 적극적으로 이용하면 다양한 메뉴를 구현해볼 수 있는 장점이 있다.

RTE 제품으로는 도시락, 샌드위치, 햄버거, 김밥, 삼각김밥, 반찬, 푸드 코트의 포장 음식, 샐러드, 간편 과일 등이 있다. 포장지만 제거하면 바로 먹을 수 있도록 제작을 완료했기 때문에 장기간 저장하기는 다소 어렵다. 매장에 나가서 구매하는 것도 귀찮은 경우 배달 서비스를 이용한 외식 음식도 RTE 카테고리에 포함시켜도 무방하다고 본다.

가정간편식, 어떻게 흘러왔나

그렇다면 가정간편식은 언제, 어디서부터 시작되었을까? 과거 가공식품의 역사를 거슬러 올라가 살펴보자.

1세대 가정간편식

지금 호시절을 누리고 있는 가정간편식이 처음부터 환영을 받았던 것은 아니다. 가정간편식의 시초는 1963년에 출시된 '라면'이라고 생각한다. 당시 일본에서 라면 제작 기술을 도입해서 라면을 출시했지만, 출시 초기만 하더라도 소비자들에게 라면을 생소하게 여기는 바람에 큰 주목을 받지 못했다. 하지만 박정희 정권의 혼분식 소비 권장 정책에 힘입어 대중화됐고, 현재에 이르러서는 우리 일상에 빠질 수 없는 식품으로 자리 잡게 됐다. 다양한 재료를 추가하면 그럴듯한 별미 식사로 이용할 수 있다.

2세대 가정간편식

1981년에 출시된 오뚜기 3분 시리즈(카레, 짜장 등)는 액상 형태의 상온 제품이다. 소비자들은 3분 시리즈 제품에 대해서 값이 저렴하고 조리가 간편하지만 품질에는 기대를 하지 않고 한 끼 대충 때우기 위한 비상식량으로 생각했다.

그 이후 1996년 CJ제일제당의 즉석밥인 햇반이 출시되었다. 그 당시만 해도 밥을 사 먹는다는 개념에 대해서 소비자들은 생소하게 받아들였다. 밥에 대한 자부심을 가진 한국인으로서 '어떻게 밥을 사 먹을 수가 있지?'라며 사업이 안 될 거라는 우려도 높았다. 하지만 최근에는 집밥보다 맛있는 밥이라는 이미지로 가정간편식의 필수품으로 자리매김하고 있다.

3세대 가정간편식

2000년대 냉장 면과 냉장 죽, 프리미엄 냉동 만두가 출시되었다. 이때까지만 해도 식사 개념보다는 '별식'이란 인식이 강했다. 이때까지도 음식은 '손맛', '엄마의 집밥'이라는 관습이 남아 있고 가공식품의 안전에 대한 불신으로 가정간편식 시장의 성장은 부진했다.

그러나 2013년 이후 냉동 볶음밥과 떡갈비와 같은 냉동 한식 반찬 등이 쏟아져 나왔다. 이 시기부터는 가공식품은 맛이 없다는 편견을 깨고 냉동식품이지만 내용물이 알차고 맛있다는 이미지를 갖게 된다. 그래서 비비고, 피코크와 같은 브랜드들이 출시되고 품질 향상의 노력으로 믿고 먹는 브랜드로 자리매김한다. 실온의 국·탕·찌개류의 품질은 3분 카레처럼 레토르트(고온 고압 멸균 공정) 가공 처리를 한 상온 제품이지만 집에서 푹 고아 만든 맛을 즐길 수 있는 수준이 된다.

4세대 가정간편식

2015년 이후부터는 반찬 배달, 밀키트, 해외 요리, 다이어트 도시락 등의 출시와 온라인 쇼핑몰 및 배송 시장이 활성화되고 있다. 자기 전에 온라인 주문을 하면 다음 날 새벽에 집 앞에 배송이 와 있다. 매일 무엇을 먹을까 고민하던 사람들은 식단에 맞춰 제작된 냉동 도시락을 비축해두고 데워 먹기만 하면 된다. 유명 셰프의 음식이나 해외여행 갔을 때 먹어봤던 음식도 어렵지 않게 집에서 조리가 가능하다. 플레이팅(Plaiting)만 신경 쓰면 외식 못지않은 분위기를 집에서도 낼 수 있게 되었다.

한편 가정간편식이 빠르게 성장하면서 일부 우려의 목소리도 나온다. 가정간편식을 자주 이용할수록 영양의 불균형과 나트륨 과다 섭취 등의 문제에 노출된다는 것이다. 뿐만 아니라 중소업체 및 일반 개인도 가정간편식 제조 및 유통 관련 창업이 쉬워지면서 안전성이나 위생 문제를 신경 쓰지 않으면 안 된다. 우위를 선점하기 위한 업체들의 새로운 시도에 대해서 정부의 관리 정책도 필요하다. 그리고 시장이 성장되는 만큼 소비자들도 똑똑해져야 한다. 쏟아져 나오는 수많은 제품들 중에 자신이 원하는 제품을 고를 줄 아는 안목이 필요하다. 가정간편식에 대한 이해를 통해 장점은 적극적으로 취하면서 단점은 보완하여 이용해야 한다. 부족한 정보는 적극적으로 요구하여 소비자의 알 권리를 보장받을 수 있어야 한다. 매끼 섭취하면서 우리 몸의 일부가 되는 음식임을 기억하고 현명하고 슬기롭게 가정간편식을 이용하자.

미국, 영국, 일본에도 있을까?

전 세계 소비 트렌드를 주도한다

가정간편식 시장의 성장은 한국만의 이야기는 아니다. 세계적인 음식 트렌드로 자리매김하고 있다. 가정간편식 시장이 성장하는 이유는 국가별로 조금씩 차이가 있지만 개인의 소득 수준 향상, 여성의 사회 진출, 1인 가구의 증가, 바쁜 일상 속 편리성과 경제적 이익 추구 등의 라이프스타일의 변화가 전 세계적으로 유행하고 있기 때문이다.

이러한 변화에 맞춰 '시간 절약', '맛', '비교적 저렴한 가격'이라는 강점으로 가정간편식은 전 세계 식품 소비 트렌드를 주도하고 있다. 미국, 영국, 일본은 우리보다 앞서 가정간편식이 발달한 대표적인 나라들로 이들 나라의 가정간편식 발전 방향을 참고하면 앞으로 우리나라가 가정간편식 시장에서 어떤 방향으로 성장할지 예측하고 대비할 수 있을 것이다.

칠면조로 시작한 미국

미국은 약 930억 달러 규모로 전 세계 가정간편식 시장 중 점유율이 가장 높고, 가장 먼저 가정간편식이 시작된 나라다. 최초의 가정간편식은 1950년대에 등장한다. 쉬완스(Swansons)라는 식품회사가 추수감사절 이후 과도하게 남은 칠면조 고기를 처리하기 위해 낸 아이디어에서 유래했다. 칠면조 고기를 활용해서 미국 전통적인 한 끼 식사를 구성하여 한꺼번에 트레이에 담아 냉동했다.

트레이는 기내식에 이용하는 알루미늄 재질로 조리도 가능하며 바로 먹을 수 있는 접시 형태였다. 마침 텔레비전이 보급되던 시절이어서 '티브이디너(TVdinner)'라는 브랜드명을 붙여 'TV를 보면서 먹을 수 있다'는 편리함을 강조했다.

1970년대 이후에는 다양한 형태의 가정간편식이 등장했다. 지방을 낮추고, 칼로리를 줄이는 형식으로 건강함을 어필했다. 이때 출시된 브랜드가 린 퀴진(Lean Cuisine)이며 제품당 300칼로리 이하임을 부각시켰다.

1990년대 이후 소비자들은 다양한 경험을 기반으로 외식 대비 맛과 퀄리티가 향상된 제품을 기대하게 되면서 가성비 좋은 제품이 출시되었다. 잇지스(EatZi's)라는 업체는 레스토랑과 슈퍼마켓을 결합한 테이크아웃 전문형 매장으로 등장했다. 각종 베이커리와 조리음식을 테이크아웃으로 판매하기도 하고 매장 내에서 먹을 수도 있었다. 이후 식품업체뿐만 아니라 소매업체들이 가정간편식 시장에 뛰어들기 시작했고 슈퍼마켓의 4분의 3이 가정간편식 코너를 마련하여 판매하고 있을 정도로 보편화되었다.

네슬레, 크래프트 하인즈, 콘아그라 푸드 등의 상위 세 개 업체의 가정간편식 시장점유율이 40.9%를 차지한다. 특히, 미국은 국토가 크기 때문에 유통의 효율성을 고려하여 냉동식품이 더욱 발달해왔다. 건강을 고려한 글루텐 Free, Non-GMO, 유기농식물성 기반으로 고기를 대체한 식품, 알레르기 프리, 유기농, 칼로리와 소금, 설탕 등 영양을 설계한 제품 등 세분화된 고객의 취향에 맞는 제품이 출시되고 있다.

최근에는 소비자 개인의 취향과 가치를 반영한 밀키트가 인기를 끌고 있다. 채식주의, 팔레오(Paleo, 구석기 시대의 식단을 표방한 식생활), 지중해 식단 등의 밀키트를 판매하는 썬 바스켓(Sun Basket), 가족 수에 맞는 밀키트를 배송하는 블루에이프런(Blue Apron), 26명의 셰프가 개발한 밀키트를 제공한다는 홈셰프(Home Chef) 등이 있다. 또한 채식주의를 위한 메뉴를 정기배송하는 업체인 베스트로(Veestro)도 소비자에게 상당한 인기를 끌고 있다.

이국적인 음식에 대한 동경으로 발전 중인 영국

영국은 1인당 가정간편식 최대 소비국이다. 1970년대 냉동고가 보급되고 여성들의 사회 진출이 늘어난 후부터 냉동 가정간편식이 등장했다. 특히 테스코(TESCO) 베스타(Vesta)의 커리 메뉴나 버즈아이(Birds Eye)사의 롤케이크(Arctic Roll)류와 같은 냉동 디저트가 인기를 끌었다.

1980년대에 이르러 소비자들은 좀 더 신선한 메뉴를 원했고, 전자레인지와 냉장고가 보급되면서 냉장 가정간편식의 확대로 가정간편식 산업이 본격적으로 성장하기 시작했다. 그 예로는 막스앤스펜서(Marks & Spencer)가 선보인 닭가슴살 안에 버터와 허브를 넣은 메뉴인 치킨 키이브(Chicken Kiev)가 있으며, 이 제품은 출시되자마자 크게 인기를 끌었다.

1990년대에는 소비자들이 식품의 첨가물과 영양 성분 등 건강, 맛, 안전성에 관심을 보이기 시작했지만 2013년에 말고기 식품 스캔들이 가정간편식 시장에 영향을 미쳐 시장규모가 줄어드는 것처럼 보이기도 했다.

하지만 2016년 기준 즉석조리식품의 시장규모는 약 46억 파운드 정도로 지속적으로 성장했다. 흥미로운 것은 영국이 음식 문화가 깊거나 다양하지 않기 때문에 이국적인 음식에 대한 수요가 커서 타 국가의 가정간편식 식품이 영국에서 인기를 얻고 있다는 것이다. 지리적으로 다른 유럽 국가들과 인접하여 오래전부터 세계 각국의 다양한 음식들을 가정간편식으로 판매하고 있다. 커리나 볶음면과 같은 에스닉 콘셉트가 활성화되고 퓨전 소스를 이용하여 제품의 다양성을 확장하고 있다.

미국과 같이 고객의 다양한 니즈를 충족하기 위해 타깃을 세분화하고, 채식이나 발효 등을 이용한 건강한 제품이 출시되고 있다. 미슐랭 스타 셰프의 브랜드나 프리미엄 레스토랑에서 출시한 가정간편식 시장이 괄목할 성장세를 보이고 있다. 영국 역시 밀키트를 정기배송해주는 업체들이 많이 생겨나 소비자들의 다양한 니즈를 충족시켜주고 있다.

영국의 살인적인 물가는 외식을 지양하고 간편하게 집에서 식사를 하는 요인이 되기도 한다. 주요 도시에는 테스코, 세인즈버리(Sainsbury), 아스다(Asda), 모리슨(Morrisons)과 같은 대형 슈퍼마켓 중심으로 가정간편식이 발달되어 있다. 가정간편식의 90% 이상이 직접 브랜드를 개발하여 운영하는 대형 유통업체에 의해 판매되고 있다. 특히 테스코는 다양한 메뉴를 제공하면서 가격차별화로 시장점유율을 높이고 있다. 지역 고객 수요에 따라 다양한 규모(대형 할인점, 대형 슈퍼, 소형 슈퍼, 편의점 등)와 형태의 매장을 운영하여 각 채널별 상품 구성과 가격에 다양한 변화를 주고 있다.

일본의 편의점은 '국민 냉장고'

일본은 아시아에 속해 있는 우리나라와 유사한 식문화를 보유하고 있다. 식사 준비의 주체는 여성이고 집에서 손수 밥을 지어 먹어야 했던 과거 일본의 식문화는 전통적으로 밖에서 식사를 해결하는 '외식(外食)'과 집 안에서 식재료로 식사를 만들어 먹는 '내식(內食)'으로 구분 지었다. 두 기준의 중간 개념으로 해당되는 '중식(中食)'은 가정간편식의 일본식 표현으로 설명되며 발전하기 시작했고 성장은 단기간에 이뤄졌다.

편의점 업태가 1980년대 정착하기 시작하면서 이러한 용어의 사용이 본격화되었다. 2007년 7조 9,500억 엔에서 2017년 10조 500억 엔 규모로 약 26.5% 성장했다.

처음부터 일본에서 간편식이 환영받았던 것은 아니다. 사회 전반적으로 가정에서의 식사가 중요하다는 인식이 강했으며 다양한 식품 안전사고가 발생되면서 집 밖에서 먹는 식품의 안전성에 대한 불신이 높아졌다. 식품회사들이 각종 식품 안전사고에 대한 대응 자세와 소비자들을 두려워하는 경영 문화로 바뀌면서 식품에 대한 신뢰도를 개선하기 시작했다.

여성들의 사회 진출, 미혼 인구와 고령자수 증가로 인한 1인 가구 증가, 아이를 낳지 않으려는 부부 세대의 증가로 식사 준비에 대한 인식이 점차 바뀌고 있다. 편의점, 도시락 전문점, 반찬 전문점에서 간편식을 쉽게 구매하고 이용하고 있다. 우리와 같이 쌀이 주식이다 보니 도시락이나 삼각김밥 같은 쌀류와 반찬류의 시장점유율이 두드러지게 성장하고 있다. 근래에는 한 끼라도 제대로 건강을 생각한 식사를 하려는 수요가 증가하기 시작하는 등의 다양한 욕구를 충족시켜주는 채소 샐러드 시장이 성장하고 있다.

일본의 편의점은 '국민 냉장고' 역할을 자처하며 냉장 쇼케이스를 확보하고, 다양한 메뉴로 소비자들의 욕구를 충족하고 있다. 삼각김밥을 대표적인 아침 식사 대용품으로 안착시켰고, 도시락으로 점심 식사 수요를 잠식했다. 앞으로는 도시락과 안주의 품질을 향상시켜 초이노미(이자카야 대신 편의점에서 간단히 술을 마시고 집으로 가는 문화)를 확산시켜 저녁 식사 수요도 확보할 예정이라고 한다.

혼밥러의 성지
편의점

편의점, 식품업계 인기 플랫폼으로 진화 중!

개인의 행복이 중요해지다 보니 혼자 보내는 시간이 많아졌다. 대학생과 직장인뿐만 아니라 미취학 자녀나 초등 자녀도 최근 새로운 혼밥 세대로 떠오르고 있다. 결혼하지 않은 1인 가족이나 한 부모 가족들도 마찬가지 상황이다.

부모님 세대는 어떠한가? 은퇴 시기를 맞이한 부모님은 이제 가족을 위한 희생은 멈추고 자신을 위한 제2의 인생을 준비한다. 이제는 누구를 위한 밥상이 아닌 나를 위한 밥상을 차리거나 식사 재료를 사고 준비해야 한다.

이 말인즉, 내가 먹어야 하는 음식에 대한 선택권은 나에게 있다는 것을 이해하고 나의 취향과 나에게 잘 맞는 간편식을 선택해야 한다는 뜻이다.

최근 이러한 혼밥러들의 공용 냉장고 역할을 하는 곳은 편의점이다. 20평 정도 되는 공간에 각종 생필품과 먹거리들이 즐비해 있는 곳이다. 편의점에 가면 식사, 간식, 디저트, 음료, 술과 안주까지 다양한 종류의 음식이 진열되어 있다. 과거 10년 전까지만 해도 담배와 음료와 삼각김밥을 판매하는 '24시간 영업 슈퍼'로 여겨지던 편의점이었다.

다년간 과다 출점으로 인해 편의점 시장 간의 경쟁은 격화되고 있었다. 하지만 다양한 형태로의 특화 점포를 개발하고, 즉석조리식품 등의 간편식 업그레이드를 통해 매출이 지속적으로 성장하고 있다. 최신 트렌드에 민감하게 대응하는 다양한 메뉴를 출시하면서 식품업계의 인기 플랫폼으로 진화하고 있다.

통계청 자료에 따르면 편의점 전체 매출 규모는 전년 대비 5.2% 성장한 25조 원이다. 이 중 도시락 매출 규모는 2018년 기준 3,500억 원 정도로 추정된다.

특히 편도족(편의점 도시락으로 식사하는 사람)이라는 단어가 나올 정도로 편의점 도시락은 크게 인기를 끌고 있다. 이전에는 20~30대가 주 이용자였다면, 최근에는 10대와 40~50대로 전 연령층이 도시락을 즐겨 이용하는 것으로 나타났다.

이에 발 맞추어 메뉴도 프리미엄을 지향하고 있다. 지방의 특산물을 이용하거나 채식주의자를 위한 메뉴, 찌개와 보양식 콘셉트의 메뉴도 등장했다. 뿐만 아니라 반찬 브랜드도 출시되어 나물, 달걀말이, 고등어구이 등으로 집밥을 차릴 수 있게 되었다.

물론 혼술을 위한 1인분 안주 제품도 다양하다. 한정판 과자, 롤케이크, 인기 베이커리 등 핫한 디저트들도 준비되어 있다. 이제는 하루 삼시 세끼와 간식과 야식을 모두 편의점에서 해결할 수 있게 되었다.

이렇게 편의점 음식이 인기를 끈 이유는 식당에서 식사를 하려면 기본 8,000원 이상은 지출해야 하지만, 편의점에서는 5,000원이면 프리미엄급 도시락을 얼마든지 구매할 수 있기 때문이다. 수요가 많은 지역에서는 점포의 크기를 늘려 휴게소처럼 즉석 코너를 만들거나 카페처럼 식사를 하며 휴식을 취할 수 있는 공간을 마련하고 있다. 그 덕분에 소비자들은 직접 밥을 차리지 않아도 밥을 먹을 수 있게 되었다.

통계청이 분석한 '2018년 양곡 소비량 조사 결과'에 따르면 1인당 연간 쌀 소비량은 1.3% 줄었지만 도시락과 식사용 조리식품 제조업체의 쌀 소비량은 오히려 전년보다 29% 증가했다.

편의점 간편식이 성행하는 만큼 이 또한 우려의 목소리가 있다. 바로 유통기한, 보관 상태, 과도한 나트륨 섭취 등의 문제다.

유통기한 체크는 필수다

도시락이나 샌드위치 같은 즉석 섭취 식품의 유통기한 설정은 '식품, 식품 첨가물, 축산물 및 건강기능식품의 유통기한 설정 기준'

에 따라야 한다. 권장 유통기간은 냉장(10℃ 이하) 유통을 기준으로 도시락과 김밥은 36시간, 샌드위치류는 48시간, 햄버거류는 72시간이다.

주요 편의점들은 권장 유통기간에 따라 제품 유통기한을 표시하고 타임바코드를 적용해 계산 시 POS에서 유통기한 경과 상품 판매를 차단하고 있다. 이러한 지침을 잘 따라서 유통기한이 지난 제품은 진열대에서 제거하는 등 관리를 잘하는 가맹점도 있다. 하지만 식품 표시 스티커를 떼어내는 등 우회적인 방법을 악용하는 업주도 있다고 한다. 그래서 편의점 즉석조리식품을 이용할 때에는 반드시 유통기한을 확인하는 습관이 필수다.

온도 및 위생 관리는 일류 레스토랑처럼 해야

도시락의 경우 고기, 채소, 밥 등 다양한 구성품을 한데 모은 제품이다. 축산물 가공식품(가금육, 가금육포장육, 분쇄육, 분쇄가공육제품 등)의 경우 보관 온도는 영하 2℃에서 5℃ 사이에서 보관해야 한다. 하지만 개방형 냉장 진열대는 냉장 유통 최고 한계온도인 10℃ 이상인 경우도 있다. 그래서 유통기한이 남아 있더라도 음식이 상할 수 있다.

또한 군고구마, 어묵, 치킨이나 고기 꼬치 같은 즉석식품이 진열되어 있는 곳이 온도와 위생 관리가 제대로 되고 있지 않다. 한번은 편의점 계산하는 곳 옆에 닭꼬치가 진열된 진열장을 본 적이 있다. 당연히 온장고인 줄 알고 진열장에 손을 대보았더니 열기가 느껴지지 않았다. 저녁 시간대였는데 하루 종일 상온 상태에서 진열된 닭꼬치가 아닐까 생각되었다. 학생으로 보이는 아르바이트 직원이 위생 관리를 잘하는 것인지 의문도 들었다.

그래서 웬만하면 포장지가 제대로 갖춰져 있고, 표시 사항대로 온도 관리가 잘되고 있는 제품을 선택하기를 권장한다.

편의점 측에서도 다양한 콘셉트의 즉석조리식품을 판매할 경우 온도와 위생 관리에 대한 정확한 지침과 교육이 필요하다. 그리고 이를 잘 지키는 가맹주들의 노력이 필요하다.

과도한 나트륨 섭취를 주의하자

2019년에 식품의약안전처에서 편의점에서 판매하는 도시락 63개 제품을 대상으로 나트륨 등의 함량 정보를 조사했다. 시판되는 편의점 도시락의 1회 제공량당 나트륨 함량은 479~2,038mg 범위로, 평균 1,237mg 정도였다. 이는 1일 나트륨 권장 섭취량인 2,000mg의 62% 수준이다. 한 끼 식사에 두 끼분의 나트륨을 섭취하고 있는 꼴이다.

또한 가성비를 강조하기 위해 3,000~4,000원대 도시락에서도 육류 위주의 반찬을 구성한 경우가 대부분이다. 이러한 반찬에는 대부분 자극적인 소스가 버무려져 있다. 이러한 반찬을 자주 섭취할 경우 느끼해서 자극적인 국물이나 탄산음료를 찾게 될 수도 있다. 먹고 난 후에도 속이 더부룩할 수 있다.

도시락을 선택할 때 밥과 단백질 반찬과 채소 반찬의 비율이 5 대 3 대 2 정도인 제품을 선택하기를 권장한다. 그래도 다행인 것은 편의점에서는 샐러드와 한입 과일도 쉽게 구입할 수 있다는 것이다. 도시락을 구입할 때 샐러드를 함께 섭취하거나, 후식으로 한입 과일 또는 견과류를 섭취하도록 하자.

냉동, 냉장, 실온 등 보관 온도에 따라 달라요

문제는 보존료가 아니라 보관 온도에 있다

냉동식품의 유통기한이 길어서 보존료가 들어간 게 아닐까 걱정하는 소비자들에게 나는 명쾌하게 답변할 수 있다.

"걱정 마세요. 보존료 넣지 않아도 유통기한을 길게 할 수 있는 방법은 바로 냉동 보관하기 때문이에요! 가족에게 미안해하지 마세요."

보관 온도에 따라 식품은 어떻게 달라지고 이것은 식품의 유통기한에 어떤 영향을 주는 것일까?

가열과 살균은 어떻게 이루어질까?

음식은 고기나 채소와 양념 등의 식재료들을 '가열'하는 과정 중에 복잡한 화학적 변화를 일으켜 맛이나 풍미를 좋게 하여 먹을 수 있도록 만들어진다. 이렇게 만든 음식을 바로 먹으면 상관이 없다. 하지만 유통하기 위해 많이 만들어두고 저장하기 위해서는 음식으로 만든 이후의 미생물 변화를 억제해야 한다. 그래서 '가열' 과정은 살균이라는 원리를 이용해 안의 미생물을 죽이거나 활동을 감소시키는 작용을 하기도 한다.

하지만 살균 처리를 했더라도 보관하는 과정에서 미생물이 잘 자랄 수 있는 환경이 조성되면 음식물에 자리를 잡고 증식할 수 있다. 물론 이로운 미생물은 발효라는 변화로 우리에게 이로운 물질을 생성하기도 한다. 하지만 세균, 대장균, 황색포도상구균 등 해로운 미생물은 독소를 가지고 있어 사람에게 식중독을 일으키거나 배탈이 나게 한다.

그래서 식품을 가공하는 데 해로운 미생물을 제어하는 것이 가장 중요하며, 온도를 제어하는 것은 식품의 보관 기간을 늘리는 대표적인 방법 중의 하나다. 대부분의 미생물의 활동이 활발한 온도는 25~35℃ 범위다. 미생물에 따라 각기 다르지만 대체로 중심부 온도를 63℃ 이상으로 하여 30분 넘게 가열하면 죽거나 그 활성을 제어할 수 있다.

식품을 보관하는 온도 구간은 냉동, 냉장, 실온 이렇게 크게 세 가지가 있다. 제품을 개발할 때 이것이 냉동, 냉장, 실온 보관인지부터 정하고 설계를 한다. 보관 온도에 따라 원재료의 처리 방법이 다르기 때문이다. 그래서 보관 온도에 대해 이해하면 가정간편식의 품질을 좀 더 좋은 상태로 이용할 수 있다.

얼려서 보관하는 냉동 가정간편식

냉동이란 영하 18℃ 이하를 뜻하며, 이 온도에 보관되는 제품을 '냉동식품'이라고 한다. 마트에 가면 냉동고 안에 진열되어 있는 것을 볼 수 있다. 냉동식품의 경우 집에서 조리를 하듯 70℃ 이상의 온도에 몇 분 이상 가열 조리한 후 영하 30℃ 이하의 온도로 제품을 냉동한다. 이 경우 식품 안에서 이루어질 수 있는 모든 변화들이 거의 정지 상태가 된다. 이렇게 되면 보존료를 넣지 않아도 유통기한이 길어지는 장점이 있다.

하지만 음식물 세포 내부의 물은 얼면서 부피가 증가하는 경향이 있다. 그래서 근처에 생성된 얼음 알갱이와 합쳐진 얼음 알갱이가 원재료의 세포벽을 변형시켜 자리 잡는다. 음식을 섭취하기 위해 가열을 하면 커진 얼음은 물로 다시 녹으면서 원재료의 세포가 변형된다. 냉동했던 채소가 무르거나 고기가 질겨지는 현상이 발생하는 이유가 다 이 때문이다.

최근에는 급속 냉동 기술을 이용하여 얼음 알갱이가 커지는 것을 최소화하여 제품을 얼린다. 그래서 비교적 집에서 한 것과 같은 품질의 제품을 먹을 수 있다. 하지만 냉동 제품은 냉동의 온도 환경을 유지해주어야 하기 때문에 이동하면서 녹기도 하고, 냉동고가 작은 경우에는 보관이 불편한 점이 있다.

서늘하게 보관하는 냉장 가정간편식

냉장이란 0~15℃를 말하며, 이 온도에 보관하는 제품을 '냉장 제품'이라고 한다. 마트에 가면 서늘한 냉장 진열대에 진열되어 있는 우유, 치즈, 햄, 밀키트 등을 볼 수 있다. 냉장 제품은 냉동 제품의 가열 수준 이상이면서도 실온 제품의 가열 수준보다 약한 정도로 가열한다. 또한 장아찌처럼 식초, 소금, 설탕 등으로 환경을 제어하여 미생물이 생존하기 어렵게 만든다. 그렇게 되면 냉장고에 보관할 수 있도록 한다.

그러나 보관할 수 있는 기간은 며칠이나 몇 주, 길게는 1~2개월 정도로 실온이나 냉동 제품에 비해서는 짧은 수준이다. 짧은 시일 내에 섭취하고자 하면 냉장 제품이 편리하다. 편의점의 도시락, 김밥, 삼각김밥 등이 주로 냉장 보관 제품이다. 제품의 주원료인 밥은 냉장 온도에서 딱딱해지는 노화 현상이 일어나게 된다. 바로 찬밥이 맛이 없는 이유다.

실온 가정간편식 보관의 비밀

실온에 보관하는 제품은 즉석밥, 인스턴트 카레와 같이 마트의 일반 진열대에서 볼 수 있다. 실온 구간은 미생물의 증식 활동이 활발한 온도인 25~35℃를 포함하는데, 어떻게 식품을 이 온도에 보관할 수 있는 것일까?

바로 그 미생물을 아예 사멸시키는 멸균 공정으로 처리하기 때문에 가능한 것이다. 해로운 미생물을 멸균시키기 위해서는 레토르트 설비를 사용한다. 레토르트는 커다란 압력 밥솥과 같은 것으로, 고압으로 100℃ 이상의 수증기를 생성하여 제품을 몇 분 동안 가열할 수 있는 설비다. 이때 제품은 이러한 상태를 견디는 특수한 포장 용기에 담아 밀봉한다.

그렇게 되면 포장재 안의 식품에 있던 미생물은 사멸되며 포장재가 뜯어지기 전까지 그 상태는 유지된다. 그래서 소비자들이 많이 사다가 선반에 쟁여 놓을 수 있게 되는 것이다.

하지만 높은 온도로 가열하기 때문에 고기나 채소 식감이 달라질 수 있으며, 특유의 좋지 않는 향이 날 수도 있다. 그리고 일단 포장재를 뜯으면 그 이후에는 반드시 냉장 보관해야 한다. 최근에는 가공 기술이 발달하여 이러한 처리를 하더라도 자연스러운 품질을 즐길 수 있는 국이나 탕류, 죽 등의 제품이 나와 있기도 하다.

TPO에 맞는 제품 이용법

이처럼 보관 온도에 관한 정보를 알게 되면 일반인도 전문가처럼 가정간편식을 T.P.O.[시간(Time), 장소(Place), 상황(Occasion)]에 맞춰 선택하는 센스를 발휘할 수 있다.

5년 전 나의 시어머니께서 업무를 위해 두바이에 6개월간 파견 나간 적이 있다. 타지에 머물며 일을 한다는 것도 고생이지만, 무엇보다도 먹는 것이 제일 힘드실 것 같았다. 그래서 어머님께 추석 선물로 음식을 보내기로 했다.

보낼 음식을 선택하기에 앞서 세 가지 기준을 두고 준비했다. 첫째, 어머님께서 친숙해할 한식 메뉴여야 한다. 둘째, 외국으로 이송되는 일주일 동안 기후 변화를 견딜 수 있는 제품이어야 한다. 셋째, 간편하게 즐길 수 있는 가정간편식이어야 한다.

그래서 나는 실온으로 보관이 가능한 가정간편식(나물비빔밥, 사골국밥, 미역국밥 등 즉석밥 일체형 제품)으로만 구매했다. 특히, 떡볶이를 좋아하셨던 어머님을 위해 상온 보관이 가능한 떡과 소스도 잊지 않고 챙겨 넣었다. 그런 세심한 배려 덕분에 어머님은 택배를 받고 매우 좋아하셨다.

얼마 전 남편이 나 없이 친구와 함께 아이들을 데리고 1박 2일로 캠핑을 간 적이 있다. 저녁이야 바비큐 고기를 먹을 것이 분명해서 걱정이 없었지만, 다음 날 아침밥이 걱정이었다. 체크아웃하기 전 정신없을 상황에 요리를 할 리가 만무했다. 딸아이의 아침 식사를 꼭 챙겨줄 것을 당부하면서, 보관이 편리한 누룽지와 즉석밥과 생선구이를 사서 가정용 아이스박스에 보관하여 몇 시간 동안 이동이 가능하도록 챙겨주었다.

여행을 다녀온 남편에게 아침밥은 잘 챙겨먹고 왔는지 물어봤다. 남편은 생선구이를 전자레인지로 간편하게 데워 먹으니 품질도 좋고 아이들도 잘 먹어서 만족스러웠다고 했다. 가정간편식이 없었다면 빵으로 아침을 대충 때우고 차 안에서 과자를 먹으면서 집에 왔을 것이란 사실은 안 봐도 비디오다.

가정간편식을 구매할 때는 반드시 보관 온도와 유통기한을 확인하고 그에 맞게 적절히 이용하는 요령을 발휘하자.

| 보관 온도에 따른 가정간편식의 장단점과 추천 제품 예시 |

	냉동	냉장	실온
온도 구간	영하 18℃ 이하	0~10℃	1~35℃
장점	1. 집에서 한 듯한 음식으로 먹을 수 있음 2. 오래 보관할 수 있음	1. 냉장고 보관이 용이함 2. 유통기한 내 가장 신선함 3. 가열 시간이 비교적 짧음	1. 주방 선반 등 원하는 곳에 보관이 가능 2. 오래 보관할 수 있음 3. 가열 시간이 짧음
단점	1. 이동하는 동안 녹을 수 있음 2. 냉동고가 작을 경우 보관이 어려울 수 있음 3. 가열 시간이 긺	1. 유통기한이 짧음 2. 밥, 떡, 빵류는 노화현상 발생	1. 과도한 가열로 품질이 좋지 않을 수도 있음 2. 포장재를 뜯으면 냉장 보관해야 함
추천 제품	빵류, 튀김류, 밥류, 국탕류, 만두류, 떡류, 죽류	반찬류, 편의점 냉장식품, 채소나 과일류 또는 이들이 포함된 밀키트류, 식육가공품, 알 가공품류, 국·탕류, 소스류	죽류, 소스류, 스낵류, 즉석밥

어디까지 간편할 수 있을까?

조리기구별 조리법 열전

가정간편식을 이용하려면 그 정도의 차이는 있지만 음식을 끓이거나 데우는 과정을 거쳐야 한다. 음식은 온도가 중요하다. 온도에 따라 음식의 맛이 달라지고, 집밥에서 느끼는 따뜻함이나 온정도 느낄 수 있기 때문이다. 하지만 편리성을 추구하는 사람들은 복잡한 가열 과정을 생략하기 위해 가정간편식을 이용하고자 한다. 이에 맞춰 간편하게 조리를 할 수 있는 가전제품도 늘어나고 있으니 가전제품의 특징을 잘 알고 사용하면 가정간편식을 좀 더 편리하고 맛있게 이용할 수 있다.

조리 도구의 대표선수, 전자레인지

전자레인지는 전자레인지에서 발생된 전자파가 음식 내부로 침투되어 음식 내부의 물 분자의 진동을 유도해서 열을 발생시키는 원리로 작동되는 도구다. 제품을 전자레인지에 넣고 시간을 조절하기만 하면 음식이 따뜻하게 데워지기 때문에 간편 조리 도구의 대표선수이기도 하다.

전자레인지 뒷면을 보면 출력과 소비전력이 와트(W) 단위로 표기되어 있다. 출력은 전자파의 세기를 나타내는 것이며, 소비전력은 실제 소비되는 시간당 전기 소모량을 의미한다. 전자레인지를 사용할 때 확인해야 할 것은 바로 출력이다.

대표적으로 700W(가정용), 1,000W(편의점용) 두 가지가 있다. 1,000W 제품은 700W에 비해 전자파 출력이 강해서 조리 속도가 약 25% 단축되는 장점이 있다. 하지만 음식이 골고루 따뜻해지기 위해서는 출력이 낮을수록 좋다. 출력이 셀 경우 조리 후 음식의 위치나 종류에 따라서 뜨거운 부분과 차가운 부분이 동시에 나타날 수도 있기 때문이다. 또한 700W 제품에 비해 1,000W는 가격 및 소비전력이 약 1.5배 정도 높다. 최근에는 출력을 조절할 수 있는 전자레인지가 나와 있기도 하다.

음식에 따라 전자파가 투과하는 정도가 다르기 때문에 데워지는 시간이 다를 수도 있고, 같은 시간 동안 데우더라도 데워지는 온도도 다를 수 있다. 그래서 물성이 다른 제품은 전자레인지에 따로 데우는 것이 좋다.

그리고 튀김 요리는 전자레인지에 적합하지는 않다. 전자레인지의 수분 가열 원리가 바삭해야 할 튀김옷을 눅눅하게 만들기 때문이다. 최근에는 전자레인지에 그릴 기능을 추가하여 튀김의 바삭한 식감을 비교적 좋게 해주는 전자레인지도 출시되었다.

전자레인지를 이용할 때는 전용 용기를 사용해야 한다. 제품 구매 시 표시 사항에 포장 재질이나 표준 조리법에 전자레인지를 이용할 수 있는지 여부를 반드시 확인해야 한다. 밤, 달걀, 소시지 등 껍질이 있는 음식은 그대로 전자레인지에 넣고 작동하면 터질 수 있다. 전자레인지에 물을 끓일 경우 끓는 모습이 보이지 않기 때문에 끓는점 이상으로 온도가 오를 수 있으니 30초 이상 기다린 후 사용한다.

핫한 조리 도구, 에어프라이어

최근에 핫한 조리 도구다. 공기로 튀기는 건강한 튀김기라는 콘셉트로 5년 전에 출시가 되었지만, 이를 이용한 튀김이 기름에 직접 튀기는 튀김에 비해 품질이 좋지 않았기 때문에 당시에는 큰 주목을 받지 못했다.

하지만 최근에는 에어프라이어를 이용한 다양한 조리법이 SNS로 입소문이 나기 시작했다. 뿐만 아니라 미리 튀겨나온 냉동 튀김 제품을 에어프라이어로 데울 경우 기름도 빠지면서 바삭한 식감이 구현되면서 크게 주목받고 있다. 에어프라이어 보급률(가정 내 보유 현황 기준)은 2018년 38%에서 2019년 1분기 기준 52.9%라고 하니

두 집당 한 집은 에어프라이어를 가지고 있는 셈이다. 그 덕분에 냉동 튀김 제품이 인기가 많아졌으며 에어프라이어 조리가 가능한 냉동식품만 판매하는 유통업체도 생겼다.

에어프라이어의 원리는 가열된 열선에 바람을 불어 열풍을 일으켜 밀폐된 도구 안의 음식을 데우거나 조리할 수 있어 기존의 전기오븐과 원리가 유사하다. 하지만 내부 수분이 빠져나갈 수 있는 공기 배출구가 있는 것이 에어프라이어의 특징이다. 그래서 조리 후 더욱 바삭하게 느껴지는 것이다. 기름이 튀는 고기나 생선구이 등이 조리가 간편한 장점이 있다. 하지만 공기 배출구로 냄새도 같이 나올 수 있기 때문에 환기가 잘되는 곳에 두고 사용해야 한다.

전통적인 조리 도구, 가스레인지

일반적으로 널리 사용해온 조리 도구다. 기체 가스를 열원으로 불을 만들고 그 위에 냄비, 프라이팬 등의 매체에 열을 전달하여 음식을 익힐 수 있다. 열원이 전달되면 물의 대류로 열이 순환되면서 음식을 끓게 한다.

가스레인지는 약간의 조리 기술을 이용해 식욕을 돋우는 불 맛을 낼 수 있다. 높이가 높은 프라이팬에 오일을 두르고 센 중불에 가만히 두면 약간의 연기가 나기 시작하는데, 바로 그때 슬라이스 해둔 대파의 하얀 부분을 볶으면 대파 기름이 된다. 양념육을 볶을 때 파 기름을 내서 볶으면 풍미가 좋아진다. 그러나 기름을 고온에서 사용하기 때문에 화상에 주의해야 한다.

최근엔 가스레인지로 인해 실내 공기가 오염되고 열원이 그대로 전달되는 구조라서 화재 위험으로 사용 시 주의를 요하기도 한다. 가스레인지 사용 초보자의 경우 물이나 기름의 온도를 올릴 때는 중불 이상을 사용하다가 온도가 도달하여 음식을 조리할 경우 약불로 조절하여 은근하게 끓이며 간을 맞추는 것이 편리하다.

특히 푹 곤 한식의 국을 끓이고 싶은 경우 한소끔 끓이고 약불에 뚜껑을 덮고 은근히 30분 정도 끓이면 맛이 깊어진다. 국·탕류를 데울 때는 뚜껑을 덮고 중약불에 데우는 것이 좋다. 뚜껑을 닫지 않거나 강불에 데우면 수분이 증발되어 짜질 수 있다.

안정성 높은 조리 도구, 인덕션

인덕션은 자기장을 이용해 저항이 생긴 피가열체(냄비) 자체에 열을 유도시키는 간접적인 방식을 이용하는 것이므로 에너지 효율이 높고 안정성이 좋다. 인덕션의 그릇이 놓이는 바닥 아래에 코일이 깔려 있다. 전원을 켜면 전기장이 코일에 흘러 자기장을 생성하는데, 자기장은 스스로 열을 낼 수 없으니 열이 발생하기 위해서는 냄비가 필요하다. 자기장이 냄비와 접촉하면, 자기장이 금속과 상호작용을 해 냄비 안에 전기를 만드는데 이때 저항이 생겨서 그 저항이 열로 바뀌는 것이다.

인덕션의 장점은 가스레인지에 비해 실내공기 오염을 줄일 수 있고, 기기 자체에서 열이 많이 발생하지 않기 때문에 더운 여름엔 실내 온도 상승을 막을 수 있다. 열은 냄비의 아래가 아닌 안쪽에서 생성되기 때문에 열로 인한 화상 등의 피해가 없다. 그리고 무엇보다 빠른 조리가 최대 장점이다. 가스레인지에 비해 다소 제품 가격이 비싸고, 유리나 뚝배기 등과 같은 조리 도구는 사용할 수 없다는 단점이 있다.

조연에서
주연이 된 샐러드

'혼샐'로 어엿한 한 끼 식사를

10년 전 샐러드 레스토랑에서 일을 한 적이 있다. 기본 잎채소 한 그릇에 소비자가 원하는 토핑과 드레싱을 선택해서 먹는 곳이었다. 나는 그곳에서 재료들을 관리하고 메뉴를 만드는 일을 했다. 그 당시 한 접시에 8,000원 정도로 적은 금액은 아니었지만 인테리어와 콘셉트가 신선하다고 소개되어 블로그나 기사 등의 매체를 보고 찾아오는 경우가 많았다.

하지만 방문하는 고객들 대부분이 샐러드 레스토랑에 와도 샐러드는 일단 한 접시 시켜놓고, 파스타 같은 다른 메뉴 두서너 가지는 더 주문했다. 반드시 체중을 관리해야 하는 연예인 손님 정도만 샐러드만 주문했다. 그 당시에도 샐러드는 애피타이저 정도의 음식이라는 인식이 강했다.

하지만 요즘은 샐러드에 대한 인식이 확 바뀌었다. 하루 고되게 일을 하고 마음으로는 삼겹살에 소주 한잔을 외치며 퇴근하는데 발걸음은 샐러드 가게를 향하고 있다. 삼겹살 대신 따뜻한 우삼겹 토핑을 올린 샐러드 한 접시를 주문한다. 오늘은 수고했으니 올리브와 아보카도도 추가해준다.

앉아서 먹고 있는데 나처럼 옆 테이블에 '혼샐(혼자서 샐러드 먹기)' 하는 사람이 많다. 보아 하니 배달 주문도 쏠쏠하게 들어오는 것 같다. 늦은 퇴근에 두 시간 이내로 잠이 들 계획이니 샐러드 한 접시 정도의 포만감이 적당하게 느껴진다.

10년 전과 다르게 샐러드도 한 끼 식사로 인식하는 사람들이 많아졌다. 그래서 이렇게 샐러드 전문점도 늘어나고 있고, 마트에 가도 씻어 나온 샐러드, 한 번 먹을 정도의 양으로 포장된 샐러드 채소를 쉽게 볼 수 있다. 편의점에 가면 다양한 토핑과 함께 포장된 샐러드 등 RTE 스타일의 샐러드 간편식이 많이 나와 있다.

뿐만 아니라 어디서나 구매가 가능한 샐러드 자판기와 1일 1식으로 채소를 먹을 수 있도록 배송해주는 온라인 업체도 등장했다. 구입 후기에는 한 번 먹을 양으로 포장한 샐러드는 만족도가 크다는 대학생이나 직장인들의 만족 의견이 다수였다. 그들은 샐러드가 몸에 좋다고 해서 마트에서 잎채소를 구입하고 씻어서 잘라두는 것도 번거롭고, 냉장고에 보관하면 금방 시들어서 다 버렸던 경험에 대해

공감하고 있었다.

뿐만 아니라 전통 수요층인 60대 이상 연령대에서도 무·배추 원물 소비가 감소했다. 농협하나로유통의 최근 19년도 채소 판매액에 대한 분석 결과 배추·무·마늘·양파 등 김치 원재료 매출은 크게 감소한 반면, 절임배추·포장 김치와 채소 밀키트 제품은 90% 이상 성장했다고 한다. 다양한 모양의 양파, 다진 마늘, 채썬 파 등이 나와 있어 울면서 양파를 썰고 파를 다질 필요가 없게 되었다. 앞으로는 김장하는 집도 없어질지도 모르겠다. 이러한 간편식이 어디 채소만 있을까?

과일의 이유 있는 변신

딸아이가 과일을 좋아해서 우리 집 냉장고에 꼭 두 가지 정도는 사다둔다. 과자나 젤리 대신 간식으로 과일을 주기 위함이다. 그런데 과일은 껍질을 벗겨 먹어야 하기 때문에 음식물 쓰레기가 꽤 많이 발생된다. 엄마로서 그 정도의 수고는 무릅쓰지만 혼자 사는 사람들은 극도로 귀찮아한다. 껍질을 벗기는 수고를 하느니 차라리 과일을 먹지 않겠다고 선언한 친구도 있었다.

예전에는 마트에나 가야 과일을 살 수 있고, 묶음으로 판매하니 혼자 사는 경우는 다 못 먹고 썩어서 버리는 것이 더 많았다. 하지만 요즘에는 씻어 나온 사과 한 알, 바나나 두 개 정도는 편의점에서도 쉽게 살 수 있다.

마트에서도 여러 종류의 과일을 한 입 크기로 잘라서 컵에 담아

놓은 제품도 많아졌다. 수박을 좋아하는 나는 여름이 되면 수박을 자주 산다. 한 통은 들고 다니기에도 무겁고 세 식구가 먹기에는 양이 너무 많다. 대형 마트에는 반 통으로 잘라놓은 수박도 등장했는데, 수박의 속을 확인하고 살 수 있어서 애용한다. 그래서일까? 참외처럼 한 번에 깎아먹을 수 있는 미니 수박도 등장했다. 과일의 판매 단위도 점점 작아지고 있다. 한 번을 먹어도 맛있는 과일을 먹고자하는 사람이 늘어서 당도가 높고 간편한 체리, 샤인머스켓과 같은 고급 품종의 과일이 인기를 끌고 있다.

한 인플루언서는 냉동 과일을 다양하게 사다두고 다른 채소나 재료를 섞어 건강 스무디를 만들어 먹는 레시피를 소개하기도 한다. 예전에 냉동 과일은 과일 주스 만드는 카페에서나 취급했는데, 요즘에는 인터넷이나 마트에서도 쉽게 구매할 수 있다.

건강 스무디에 대한 관심이 증가하면서 블루베리나 아보카도 같은 슈퍼 푸드도 급속 동결되어 품질을 잘 유지된 제품으로 구매가 가능하다. 최근에는 맛을 더해주는 채소들이지만 오랫동안 냉장 보관이 어려운 마늘, 생강, 청양 고추 등을 큐브 판에 얼려 필요할 때마다 한 개씩 뽑아 사용할 수 있는 제품도 구입할 수 있다. 다양한 과일 제품이 나와 있는 만큼 소비자의 선택권도 그만큼 풍부해졌다.

신선함을 배송합니다

최근 유통의 발달로 신선한 채소와 과일을 산지에서 직접 받는 것이 가능하다. 새벽배송 시대를 연 마켓컬리 대표의 인터뷰를 본

적이 있다. 먹는 것을 너무 좋아한 그는 산지에서 갓 딴 과일을 먹고 싶어 과수원에다 직접 과일을 시켜 먹었다고 했다. 그런데 직거래를 할 경우 한 번 살 때 많이 사야 하고, 배송하면 금방 시들어버리는 농산물을 직송으로 받고 싶어 마켓컬리를 만들었다고 했다. 그의 소망대로 우리도 산지의 신선한 과일을 먹을 수 있게 되었다. 저녁에 잠들기 전에 주문하면 새벽에 배송되니 얼마나 편리한가.

그런가 하면 농산물을 가꾸고 판매하는 것을 SNS를 통해 공개하고 온라인 판매도 하는 젊은 귀농인들도 점차 늘고 있다. 수확 과정을 직접 확인할 수 있고 SNS를 통한 직거래가 가능하니 유통업체를 통하는 것보다 믿음이 간다.

이렇게 조금만 관심을 갖고 둘러보면 채소와 과일을 먹을 수 있는 방법이 다양해졌다. 그러니 이제는 귀찮아서 못 먹는 안타까운 상황은 일어나지 않았으면 한다.

채소와 과일은 특별하게 모십니다

채소나 과일을 간편식으로 가공할 경우 가열 처리가 생략되고 세척과 절단, 포장의 과정을 거치게 된다. 이후 냉장 배송 후 소비자가 바로 먹는 것이므로 섭취하기 전에 주의해야 할 사항이 있다.

첫 번째로 미생물 제거가 필요하다. 채소와 과일을 기르는 흙에는 각종 미생물이 다양해야 비옥해서 작물들이 잘 자란다. 이러한 밭에서부터 수확한 채소나 과일에는 흙에서부터 묻어나온 다양한 미생물이 존재하기 때문에 이것들을 잘 제거해야 한다.

두 번째는 자른 면이 금방 물러지거나 변색이 되는 등의 화학적 반응에 취약하다. 농산물은 다양한 영양소와 효소 등의 결정체이기 때문이다. 가정간편식으로 나온 채소에 대한 대표적인 궁금증 두 가지를 알아보았다.

Q1. 가정간편식 채소, 먹기 전에 씻어 먹어야 하나요?

간편식 샐러드를 만드는 과정은 다음과 같다. 채소 원물의 이물 등을 확인하고 먹기 좋은 크기로 절단을 한다. 절단 후 물거품이 나는 설비로 채소를 씻는다. 이때 식품첨가물로 인정된 살균제(차아염소산나트륨 등) 같은 세척제를 미량사용 하며 이후 여러 번 씻는다. 포장 직전에는 살균제 성분을 반드시 제거해야 하기 때문이다(식품첨가물 공전에 명시되어 있다). 그래서 이러한 샐러드를 이용한다면 한 번 더 세척해주는 것이 좋다. 세척이 어려운 경우에는 포장재를 뜯어 열어둔다. 살균제는 휘발성이기 때문에 혹시나 남았을 잔여물을 마저 휘발시킨다.

Q2. 절단된 채소나 과일을 고를 때 고려해야 할 점은?

원물의 특성상 가열 조리를 한 것이 아니기 때문에 유해 미생물이 자라기 쉽고, 칼날이 닿은 부분은 채소나 과일의 단면이 노출되어 효소에 의한 갈변, 짓무름 등이 발생될 수 있다.

첫 번째로 사기 전 또는 먹기 전 냉장 보관이 잘 되어 있는지 확인 한다. 그리고 포장재를 뜯으면 즉시 섭취해야 한다.

두 번째로 유통기한이 남아 있더라도 채소 색이 변했거나 포장이 부풀어 있다면 섭취하지 말아야 한다. 특히 달걀이나 베이컨, 훈제 연어 등이 토핑으로 올려져 있는 샐러드는 구입 즉시 섭취해야 한다. 특히 여름철에는 도시락으로 들고 다니기보다는 섭취 직전에 구입하는 것이 안전하다.

기능식도 '간편간편'

이젠 '푸드'로 '케어'한다

케어푸드(Care Food)는 이유식, 연화식, 치료식, 다이어트 식품 등 전 연령층에 걸친 생애주기형 식품 전체를 통칭하는 용어다. 현재 우리나라는 출산율은 낮아지는 대신 고령 인구가 급격히 증가하는 고령화 시대에 진입했다. 또한 당뇨병, 심혈관질환 등 식이요법이 중요한 만성질환자가 늘면서 노인이나 환자를 겨냥한 케어푸드에 주목하고 있다.

이미 고령화 시대를 맞이한 일본은 영양 보충식, 연화식 등 성장 단계별로 세분화돼 있는 수준까지 케어푸드가 발달했는데, 시장규모만 1조~1조 5,000억 원에 달한다. 아직까지 국내는 급식 업체에서 B2B(Business to Business) 형태로 거래되는 시작 단계에 불과하지만, 일본보다 빠른 속도로 고령화 시대를 맞이하고 있는 만큼 케어푸드 시장이 크게 성장할 것으로 보인다. 이러한 흐름을 예측한 국내 식품업계는 병원과 협업하여 케어푸드 시장에 속속 진입하고 있다.

환자식에는 연화식과 연하식이 있다. '연화식'은 씹는 저작 기능 저하를 보완하기 위한 목적이 있다. '연하식'은 노화로 인해 인두·식도의 근육이 약해져 삼키는 행위가 곤란한 경우 이를 원활히 할 수 있도록 돕는다.

〈식음료신문〉의 기사에 따르면, 한 케어푸드 업체에서는 연화식 양념육을 개발했는데, 저작성(咀嚼性)과 소화 편의성, 맛, 영양까지 다각적으로 고려한 효소 활용 연화기술이 적용돼 일반육보다 50% 이상 부드럽고, 저온처리 공정으로 영양이 살아 있고 육류 고유의 맛과 향, 색감도 그대로라고 한다.

발전된 간편식 가공 기술로 제품의 식감과 물성을 단계에 맞춰 조절하여 이러한 음식을 이용하는 사람들에게 영양뿐만 아니라 미식의 즐거움을 누릴 수 있게 하는 것이다.

실리콘밸리에서 나온 식사대용품

한편 너무나 바빠서 먹는 것을 포기하는 사람도 있다. 2012년 실리콘밸리에서 무선 통신 스타트업을 시작한 로브 라인하트(Rob

Rhinhart)라는 젊은 청년은 일에 너무 몰두한 나머지 음식을 먹는 데 돈과 시간이 너무 많이 들어간다고 생각했다.

그는 영양소가 고루 갖추어진 한 끼 식사를 간단하면서도 효율적으로 할 방법이 없는지 찾아보기 시작했다. 영양생화학·식품가공에 관한 논문을 뒤져 연구하여 제품을 개발했다. 단백질은 유청 단백질, 탄수화물은 말토덱스트린에서 얻고, 아연이나 크롬 같은 미량 영양소도 꼼꼼히 넣어 직접 만들어 먹어보고 이를 개선해나가는 식으로 제품을 완성시켰다. 이것이 '소이런트(Soylent)'라는 제품이다.

한 인터뷰에서 그는 바쁜 일상에 끼니를 거르기보단 빨리 영양을 보충하고 다시 일할 수 있도록 영양 공급의 기능에 충실한 제품이라고 설명했다. 많은 사람들이 질리지 않고 꾸준히 먹기 위해 맛은 없지만 포만감은 있도록 만들었다고 설명했다.

한국에도 유사한 브랜드로 랩노쉬, 인테이크 등을 꼽을 수 있다. RTD(Ready to Drink)라는 용어를 사용하여 마시는 식사를 제안한다. 한 끼 식사에 필요한 영양 섭취가 가능하도록 설계했다. 맛과 형태의 다양성으로 기분과 취향에 따라 고르면 된다. 매일 식사에 대한 준비 과정을 줄여주고, 오늘 뭐 먹을지에 대한 고민을 하지 않도록 간편한 식사를 제안한다.

아침에 식사를 제대로 챙겨먹기 힘들 때, 업무로 바빠서 점심시간에 식사하기 어려울 때, 저녁에 부담스러운 일반식을 피하고 싶을 때, 등산이나 골프 자전거 등 장시간 운동해야 할 때, 시간이 부족해서 간단히 챙겨먹어야 할 때 등으로 세부적인 TPO를 제시한다.

사실 이런 타입의 대체식이 새로 생겨난 것은 아니다. 주로 음식을 씹을 수 없는 노인 환자들에게 제공하는 대체식과 유사하다. 씹고 맛보는 저작 활동이 불가능하지만 영양분은 필요하기 때문에 넘김이 편하고 소화가 잘되는 액상 타입이다.

이제는 소화 기능이 불가해서가 아니라 시간을 절약하기 위한 대체식으로 사용하게 되었다. 필수영양소의 조합 제품이기 때문에 원하는 영양 성분을 강화해서 먹을 수도 있다. 보디빌더와 같이 전문적으로 운동하는 사람들만 이용한다고 생각한 단백질 보충제도 이제는 일반 사람들도 이용하게 되는 것은 식품에 대한 인식이 바뀌고 있음을 보여준다.

죽과 이유식

과거만 해도 죽은 아플 때만 찾게 되는 '환자식' 중 하나였다. 하지만 최근에는 아침 대용식, 건강식, 다이어트식, 야식 등 바쁜 일상에서 간편하고 맛있게 건강을 챙길 수 있는 간편식 개념으로 변화하고 있다.

최근 출시되는 즉석 죽 제품들의 경우, 간편함과 더불어 맛과 영양까지 놓치지 않았다. 멸균 공정 기술을 개발하여 원물감은 살아있으면서도 포만감을 유지할 수 있는 파우치 죽이 시장에 나왔다. 2019년 3분기까지 누적 죽 시장 규모는 948억 원으로 파악되며 괄목할 만한 성장을 보이고 있다. 이 정도 규모면 일상식으로 자리 잡고 있는 것으로 생각된다. 1인 가구뿐만 아니라 가정주부들에게도 많은 사랑을 받고 있다.

죽의 입자 크기를 다르게 만든 제품은 바로 이유식이다. 나는 요리는 좋아했기 때문에 단계별 이유식을 만드는 것에 거리낌 없이 자신감 있게 시작했다. 먼저 아이가 월령별로 먹을 수 있는 원료와 주의해야 할 원료에 대한 공부를 했다. 입자 크기를 다르게 하면서 쌀미음부터 야채죽까지 직접 만들어 딸에게 주니 내심 뿌듯했다. 하지만 지나고 보니 채소를 구입하면 남아서 얼리기 바빴고, 아무래도 내가 좋아하는 채소나 고기 위주로 재료를 준비하게 되었다. 단계별로 이유식을 만들어도 이게 잘하고 있는 것인지 확인할 방법도 없었다. 요리에 자신 있는 사람이라도 생에 처음 식사를 만들기란 쉽지 않다는 걸 알았다.

그래서일까. 애초에 이유식 만들기가 자신 없는 친구들은 일찌감치 이유식을 정기배송하여 아이에게 주었는데 만족도가 꽤 높았다. 출산율이 낮아지고 있지만 편리함을 추구하는 부모들이 늘어나면서 이유식 시장은 가파르게 성장하고 있다. 직접 식재료를 구입해 만드는 것보다 완성된 이유식을 구매하는 것이 경제적이라는 인식이 늘어난 것도 이유식 시장을 키우는 요인이다.

특히, 아이의 발달과 주의해야 할 알레르기에 따라 사용할 수 있는 재료가 다르고 월령에 따라 입자 크기를 다르게 해야 하는데, 이러한 모든 정보를 다 알기란 어렵다. 간편 이유식은 월령에 맞는 이유식 단계를 조절하고 다양한 재료들로 일정한 기간 동안 식단을 설계하고 있다. 주 단위로 정기배송을 받을 수 있기 때문에 젊은 엄마들 사이에 인기가 많다. 또한 쇼핑몰로 외출이라도 하는 날에는 아이 이유식을 집에서 싸가서 음식점 직원에게 전자레인지에 데워주기를 부탁하기도 했다. 그러나 요즘에는 쇼핑몰이나 백화점 유아매장 한쪽에 간편 이유식 카페가 자리 잡고 있어, 아이 이유식이나 간식 걱정 없이 편하게 쇼핑할 수 있다.

3장

가정간편식,
제대로 알고
제대로 먹기

균형 있는 식단,
그게 뭔데요?

5대 천왕만큼 중요한 5대 영양소

요즘 사람들의 식사 관련 고민이 궁금해 SNS를 통해 질문한 적이 있다. 한 가정주부는 워낙 바쁘게 사는 식구들을 위해 간단한 아침을 챙겨주고 있는데, 대신 저녁 한 끼만큼은 건강하게 차려주고 싶다면서 어떻게 해야 할지 방법을 고민 중이라고 했다. 어떻게 먹는 것이 건강하게 먹는 것일까?

균형 있는 식단과 균형 있는 상차림은 어떤 것일까? 균형 잡힌 식단이란 우리 몸에 필요한 영양소를 골고루 섭취할 수 있는 음식 구성을 말한다. 중요한 영양소로는 탄수화물, 지방, 단백질, 비타민, 무기질, 물 등이다.

우리 몸의 에너지원으로 무엇이 필요할까?

중요한 영양소인 탄수화물, 지방, 단백질, 비타민, 무기질, 물 등은 우리 몸에서 제각기 맡은 역할을 담당하며 우리를 건강하게 지켜준다.

우리 몸의 활동 에너지원, 탄수화물

탄수화물은 우리 몸의 활동 에너지원이다. $Cn(H_2O)m$의 화학식이 마치 탄소와 물 분자(H_2O)로 이루어진 것에 착안하여 '탄소의 수화물'이라는 뜻에서 탄수화물이라 부른다. 식물처럼 우리 몸에서 스스로 만들어내지 못하기 때문에 음식으로 섭취해야 한다. 밥, 빵, 고구마, 옥수수, 밀가루, 면, 곡식류 등이 이에 속한다. 탄수화물을 섭취하고 소화 과정에서 분해가 되면 포도당 등의 단당류가 된다.

이렇게 분해가 되어야만 우리의 소화기관에서 흡수가 가능하고 혈류를 타고 뇌와 근육세포로 이동하여 에너지로 사용하게 된다. 사용하고 남은 당류는 지방으로 변해 우리 몸에 축적된다. 특히 현대인의 식생활에서는 설탕이나 고과당 같은 당류를 필요 이상으로 섭취하기 쉽다. 왜냐하면 단맛이 강해야 사람들이 맛있다고 느끼기 때문에 식품을 제조할 때 많이 쓰기 때문이다.

포도당이 과도하게 뇌세포에 들어가면 도파민이 자극되어 계속적으로 단맛을 찾게 되는데 이러한 현상을 탄수화물 중독이라고 한다. 끼니를 불규칙적으로 먹게 되면 공복감에 의해 단맛을 더욱 갈구하는 현상이 나타나기도 한다.

일부는 이것을 경계하여 탄수화물을 아예 기피하기도 한다. 식단의 50% 정도는 탄수화물을 섭취하고 음료나 소스에 첨가된 당류는 하루 섭취해야 하는 열량의 10% 이내(2,000kcal 기준 약 50g 이내)로 섭취하도록 한다.

효율 좋은 에너지원, 지방

지방은 탄수화물보다 에너지 효율이 더 좋은 우리 몸의 활동 에너지원이다. 중성지방이라고도 불리는 이것은 피부 밑에 저장되어 체온을 유지하고 에너지로 사용된다. 지나치게 축적되면 비만을 일으키기 때문에 대부분의 사람들은 지방 섭취를 기피하려는 경향이 있다.

하지만 콜레스테롤과 같은 지질은 우리 몸의 세포막을 형성하기 때문에 질 좋은 지방(HDL)을 섭취하는 것이 중요하다. 지방의 종류로는 불포화지방산과 포화지방산이 있다. 불포화지방산이 우리 몸에 도움이 되는데 주로 액체 형태이며 올리브유, 버터, 들기름, 참기름, 호두, 등푸른생선, 코코넛 오일 등이 대표적이다. 포화지방산은 고체 형태로 우리가 흔히 알고 있는 동물에게서 얻은 지방이다. 포화지방산은 실온에서 고체로 존재하기 때문에 많이 섭취할 경우 우리 몸에 고체 형태로 존재할 수 있다.

트랜스지방산은 불포화지방산을 인위적으로 고체화하여 만든 것으로 많이 섭취하게 되면 혈관에 쌓여 혈류 장애를 일으키는 원인이 되므로 섭취 시 주의해야 한다.

신체를 구성하는 요소, 단백질

단백질은 다양한 기관, 효소, 호르몬, 근육 등 신체를 이루는 주 성분으로, 몸에서 물 다음으로 많은 양을 차지한다. 단백질의 구성단위 물질은 아미노산과 질소화합물이며, 세포 내의 각종 화학 반응의 촉매 물질로서 중요하다. 그래서 대부분의 사람들은 단백질을 좋은 영양소라고 생각하는 경향이 있다. 그러나 단백질도 적당히 섭취해야 한다. 여성은 하루 약 45~55g 정도, 남성은 하루 약 55~65g 정도 섭취한다. 성장기와 임신기와 수유기에는 부가적인 단백질 섭취가 요구된다. 하지만 이 또한 과도하게 섭취하면 단백질 분해 산물이 뼈마디마다 쌓여 손발이 쑤시는 질병도 있으니 주의해야 한다. 소고기, 돼지고기 등과 같은 육류, 콩, 두부, 달걀흰자, 생선, 유제품 등이 대표적인 음식이다.

몸의 기능을 조절하는 비타민, 미네랄, 식이섬유

비타민과 미네랄은 에너지를 만들어내지 못하지만 소량으로 몸의 여러 기능을 조절한다. 식이섬유는 분해되지 않는 탄수화물 등을 말한다. 소장에서 분해되지 않고 대장까지 그대로 도달한다. 위장관을 통화하는 동안 다양한 생리적 영향을 준다. 이들은 몸에서 만들어지지 않아 음식으로 섭취해야 한다. 주로 채소와 과일에 함유되어 있다. 하루 1.5리터 이상의 수분 섭취는 신진대사를 활발하게 해서 노폐물을 제거하는 데 효과적이기도 하다. 규칙적으로 균형 잡힌 식사를 하면 결핍과 과잉섭취 문제가 없지만 편중된 식생활은 부족과 결핍으로 몸에 이상이 생긴다.

가정간편식으로 균형 식단 만들기

최근에는 건강한 몸에 대한 열망으로 사람들이 다이어트에 관심이 많다. 하지만 잘못된 다이어트 상식으로 원 푸드 다이어트, 저탄고지(저탄수화물 고지방의 줄임말) 등 어떠한 영양소 섭취를 제한하는 방법 등으로 영양불균형을 초래하고 있다. 뿐만 아니라 먹방을 좇는 자극적인 맛과 과식, 야식, 바쁜 일상으로 아침 굶기 등 편중된 식습관도 우리 몸에 좋지 않다.

어떤 영양소든 규칙적으로 적당히 양질의 음식으로 섭취하는 것이 중요하다. 앞서 설명한 영양소를 함유한 음식을 골고루 섭취할 수 있어야 한다. 매끼 골고루 섭취하기가 어렵다면 하루나 며칠 단위로 부족한 영양소를 섭취하는 방법으로 채워 나간다. 균형 있게 먹는 방법이 있으니 이대로 실천하면 도움을 받을 수 있다.

먼저 한 끼 식사의 구성을 비빔밥을 연상하듯 준비하면 된다. 비빔밥을 만들 때 밥에 각종 나물, 달걀 프라이를 얹고 식욕을 자극하는 참기름 두 방울을 첨가한다. 이 구성품을 한 가지씩 교체한다고 생각하면 쉬울 것이다.

아침 식사로 예를 들면 밥 대신 빵, 각종 나물 대신 양상추나 토마토 등 채소로 대체한다. 참기름 대신 버터나 올리브유를 쓰고, 달걀 프라이 대신 닭가슴살이나 데친 두부 등으로 단백질을 대체해도 좋다. 고추장 소스 대신 약간의 잼이나 과일 채소 주스를 함께 먹는다. 이것도 어려운 경우 편의점에 가서 삶은 달걀과 액상 요구르트, 샌드위치와 따뜻한 커피 등을 함께 먹는다. 관심을 갖고 잘 찾아보면 이렇게 간편하게 섭취할 수 있는 가정간편식이 잘 나와 있어서 굶을 필요가 없다. 이렇게라도 아침을 먹으면 점심 직전 공복감을 잘 다스릴 수 있다.

점심시간에는 이후 활동이 많아지기 시작하기 때문에 든든하게 먹는 것이 좋다. 외식의 경우 맛있는 음식을 먹을 수 있지만 메뉴 선택에 대한 부담과 영양사가 잘 짜놓은 식단을 먹기만 하면 되는 장점이 있기 때문에 웬만하면 회사 구내식당을 이용한다. 이때 밥 양을 조절한다든지, 평소 먹기 어려운 채소 반찬을 더 먹는다든지, 국이 입맛에 좀 짜다고 하면 따뜻한 물 3분의 1컵 정도를 부어 희석하든지의 작은 노력도 잊지 않는다. 편의점에서 즉석 도시락이나 삼각김밥을 먹은 경우 반드시 한입 과일이나 샐러드로 부족한 식이섬유를 채워주도록 하자.

퇴근 후에는 유독 자극적인 음식이 생각난다. 아마도 하루 종일 업무를 마친 이후라 그럴 것이다. 오늘 하루 균형적으로 잘 섭취했다는 생각이 들면 저녁 한 끼 정도는 입맛이 당기는 음식을 먹을 수도 있다.

치팅데이(Cheating Day, 주 1회 정도 먹고 싶은 음식을 먹는 날)를 정해서 먹는데 그날만큼은 그 음식의 맛에 온전히 집중하면서 자신의 마음을 살펴주기 바란다. 이렇게 자극적인 음식을 먹은 다음이면 속이 더부룩할 것이다. 그렇다면 다음 날 아침과 점심은 부담되지 않는 속이 편한 음식(누룽지, 쌀죽 등)으로 위장을 달래준다.

주말 아침 식사는 집에서 밥을 먹기를 권장한다. 가족이 가족끼리의 공간에 한데 모이는 유일한 시간이기 때문이다. 그래서 나는 내 손으로 차려주고 싶은 마음도 든다. 전기밥솥으로 밥을 한다. 물론 즉석밥을 이용해도 좋다. 아이가 좋아하는 생선구이 간편식을 데우거나 간단한 달걀 반찬을 만들기도 한다. 부모님 댁에서 가져왔거나 반찬가게에서 구매한 채소 반찬 두 가지 정도와 간편식 국을 데우면 한 끼 든든한 식사가 뚝딱 완성된다. 본인이 할 수 있는 조리 정도를 정하고 밀키트나 반찬과 같은 미리 만들어진 제품을 이용하면 직접 만드는 수고는 덜되 다양한 음식으로 영양소를 골고루 섭취할 수 있다. 집에서 차리면 좋은 점은 내가 음식의 간과 내용물을 원하는 대로 조절하거나 추가할 수 있다는 것이다. 균형 있는 식사를 준비하기에는 적어도 네다섯 가지의 음식을 준비해야 하는데 쉽지 않다. 최근에는 다양한 반찬을 정기배송해주는 업체도 있으니 이용하면 도움이 될 것이다.

마트에 가서 배우잣감 고르듯 호구조사하자!

우리는 배우자를 고를 때 다양한 요소를 따져본다. 상대방의 성격, 재산 정도, 직업, 외모, 취미, 집안 분위기, 경제 개념 등 고려해야 하는 배우자 요건은 많고 또 그 기준도 점점 까다로워진다. 이렇게 꼼꼼하고 촘촘하게 고려하는 이유는 평생을 함께 살아야 하는 배우자이기 때문이다. 그런데 배우자보다 더 많은 시간을 함께해왔고, 앞으로도 잘 보살펴줘야 하는 내 몸의 일부가 되는 먹거리는 왜 까다롭게 고르지 않는 것일까? 내가 가정간편식 전문가로서 가장 강조하고 싶은 부분이 바로 이런 요소다.

그냥 넘겨서는 안 되는 표시 사항!

개발자가 신제품을 출시할 때 반드시 해야 하는 과정 중의 하나는 표시 사항을 작성하는 일이다. 표시 사항이야말로 마치 제품의 이력서와 같은 서류다. 이 제품의 이름과 식품의 유형은 무엇인지, 어느 업체에서 만들었는지, 언제 만들어졌으며 유통기한은 언제까지인지, 양은 얼마나 되는지, 어떤 재료로 만들었는지, 냉장 상태로 보관해야 하는 것인지, 칼로리는 어느 정도인지, 나트륨이나 당은 얼마나 들어 있는지 등 제품에 대한 거의 모든 정보를 담고 있다.

식품의약품안전처에서는 식품표시제도를 세 개의 법령과 일곱 개 고시로 지정하여 운영하고 있다(2019년 5월 기준). 과거에는 식품, 축산물, 건강기능식품의 표시 기준으로 나눠 관리되고 있었으나 최근 식품 등의 표시 광고에 대한 통합 법률로 개정했다. 그 이유는 온라인 시장의 성장으로 허위 표시 및 광고 등으로 소비자의 피해가 증가하고, 잦은 고시 개정에 따른 식품회사들의 혼돈 및 포장재 재고 관리 어려움이 있었기 때문이다.

제1조에 제시된 법률의 목적은 '식품 등에 대하여 올바른 표시와 광고를 하도록 하여 소비자의 알권리를 보장하고 건전한 거래 질서를 확립함으로써 소비자 보호에 이바지함을 목적으로 한다'라고 되어 있다. 소비자의 알권리를 보장하기 위해 제품의 정보를 포장재에 눈에 띄는 색상과 폰트로 중요도를 강조하여 작성하도록 한다.

그러나 소비자들은 이 부분을 주의 깊게 보지 않는다. 이러한 정보를 정작 보지 않고 막연한 불안감, 불신, 죄책감으로 제품을 구매하는 소비자들을 보면 참으로 안타까운 마음이 컸다. 그래서 이 장에서는 한글 표시 사항에 대하여 설명하고자 한다. 정보의 홍수 속에서 어떤 제품을 선택해야 할지도 막막한데 제품 표시 사항까지 봐야 한다고 하니 혹시 머리가 아프기 시작하는 것인가? 그렇다면 제품명, 원재료, 유통기한과 보관 방법, 영양 성분 분석표 정도만 보도록 하자.

제품명만 봐서는 내용물이 알찬지 알 수 없다

제품명이라 함은 개개의 제품을 나타내는 고유의 명칭을 말한다. 제품명은 소비자들이 가장 먼저 접하는 정보로서 판매자들이 가장 신경 쓰는 부분이기도 하다. 마케팅 요소로 사용되기 때문에 제품명에 대한 정보를 잘 알아두면 좋다.

한번은 누룽지 닭죽을 먹으며 누룽지가 안 보인다며 실망감을 올린 SNS를 본 적이 있다. 나는 그 제품을 인터넷으로 찾아서 표시 사항을 확인했는데 누룽지를 찾기 힘들었던 이유를 단번에 알 수 있었다. 포장재의 주 표시면에 누룽지 함량이 1%라고 적혀 있었던 것이다.

제품에 누룽지를 넣었으면 함량에 관계없이 누룽지를 제품명으로 사용할 수 있다. 이 경우 주 표시면에 누룽지의 함량을 기입해야 하는 기준이 있다. 만약 구매하기 전에 정보를 확인했다면 누룽지가 더 먹고 싶었을 경우엔 다른 제품을 선택했거나 제품에 누룽지가 보이지 않는다고 실망하지 않았을 것이다.

원재료명 및 함량은 꼼꼼하게

원재료명 및 함량은 제조 가공 시 사용한 모든 원재료명을 많이 사용한 순서에 따라 표시하도록 되어 있다. 소위 요리할 때 레시피라고 하는 것과 같다고 보면 된다. 원료의 함량, 원산지, 복합 원재료와 그 성분, 첨가물의 명칭과 그 용도 등을 표시하도록 되어 있다.

함량이란 제품을 제조할 때 넣는 원료의 양을 전체 원료량으로 나눈 후 백분율로 환산한 값을 말한다. 원산지 표시 대상은 함량이 가장 많은 원료에서 세 번째로 높은 원료, 제품명에 농수산물의 이름을 사용하는 경우(소불고기의 경우 소고기의 함량 표시) 등이다.

복합 원재료의 경우 소스와 같이 그 원료 자체도 다양한 원료로 만들어진 것을 말한다. 소비자로서는 복합 원재료의 성분을 모두 확인하고 싶겠지만, 표시 사항에는 많이 사용한 복합 원재료의 다섯 가지 성분 정도만 표시하거나 5% 미만인 복합 원재료는 명칭 또는 유형만 표시하도록 되어 있다. 첨가물의 경우 소비자들이 불안해하는 요소이기 때문에 그 명칭과 용도를 모두 작성하도록 되어 있다.

식품의 유형을 보고 선택하라

식품의 유형이라 함은 식품위생법 제7조의 규정에 의한 식품 등의 기준 및 규격의 최소 분류 단위를 말하는데 제품의 유형에 따라 관리되는 화학적, 미생물적 인자가 다르기 때문에 제품 개발 시 중요한 정보이기도 하다. 또한 주원료의 함량에 따라 유형이 달라지기도 한다. 예를 들면 과일 채소류 음료라는 카테고리 안에 과즙의 함량에 따라 과채 주스(과채즙 95% 이상)와 과채 음료(과일즙 또는 채소즙 10% 이상)라는 유형으로 나뉜다. 소비자 입장에서는 주스와 음료라는 것이 비슷하다고 여겨질 수 있으나 과즙의 함량에 따라 유형을 구분하고 있다. 과즙을 10% 이상만 첨가하는 음료의 경우 나머지 부족한 성분을 향료나 당으로 채웠을 확률이 높다.

유통기한 및 보관 조건은 까다롭게

유통기한(또는 제조일자)과 보관 온도의 정보도 꼭 확인해야 한다. 지금까지 대부분의 제품은 유통기한만 표시했으나 최근에는 제조일자도 표시하는 추세다. 이와 더불어 어디에 보관해야 하는지도 중요하다.

특히 온도는 식품의 품질에 영향을 주는 중요한 인자로서 제품 개발 시 실험을 통해 보관 온도와 유통기한을 설정하고 있다. 또한 소비자도 제품을 구매하고 이를 보관해야 하기 때문에 정보를 확인하고 적절한 온도에 보관하는 것이 중요하다.

영양 성분 표시를 놓치지 말자

영양 성분 표시는 제품의 일정량에 함유된 영양소의 함량을 표시하는 것을 말한다. 최근 건강에 대한 관심이 급증하면서 영양 표시

| 영양 표시를 반드시 해야 하는 식품 유형 |

레토르트 식품, 과자, 빙과 아이스크림류, 빵류, 만두류, 코코아 가공품류, 초콜릿류, 잼류, 식용 유지류 일부, 면류, 음료류, 특수용도식품, 어육 소시지, 즉석섭취식품 및 즉석조리식품, 장류 일부, 시리얼류, 우유류, 가공유류, 발효유류, 분유류, 치즈류, 햄류, 소시지류, 건강기능식품

를 반드시 해야 하는 식품 유형이 지정되어 있다('영양 표시를 반드시 해야 하는 식품 유형' 참조).

영양 성분 표시에는 1회 제공량과 총 제공량을 표시해야 하며 열량, 탄수화물, 당류, 지방, 트랜스지방, 포화지방, 콜레스테롤, 단백질, 나트륨 등의 양을 하루 섭취해야 하는 기준치에 대한 비율과 함께 표시하게 되어 있다.

이 기준치는 약 2,000kcal를 섭취해야 하는 어른 기준으로 단위 분량의 제품을 섭취했을 때 각 영양소를 몇 퍼센트 섭취하게 되는지를 알려준다. 단, 아이를 위한 식품 대부분에도 2,000kcal 기준으로 영양 성분 기준치 비율이 나타나 있다.

'아이들의 영양 섭취 기준'은 한국인의 1일 영양 섭취 기준 중 아이들이 섭취해야 할 적정 영양 기준량을 보여준다. 영양 성분표를 볼 때는 이 기준표를 참고하면 된다.

특히, 과자를 먹을 때 이 표를 눈여겨봐야 한다. 그냥 먹을 경우 자극적인 맛에 끌려 눈 깜짝할 새 한 봉지를 비우지만, 이 표를 본 후에는 2~3회 정도로 나눠서 먹게 된다. 한 번에 섭취하게 되는 어마어마한 칼로리를 확인함으로써 내 몸에 대한 예의를 지킬 수 있게

| 아이들의 영양 섭취 기준 |

(단위 : kcal)

성별	연령					
	1~2세	3~5세	6~8세	9~11세	12~14세	15~18세
남자	1,000	1,400	1,700	2,100	2,500	2,700
여자			1,500	1,800	2,000	2,000

* 출처 : 보건복지부·한국영양학회, 〈2015 한국인 영양소 섭취기준〉, 2015.

되는 것이다.

여기서는 대략적인 정보만 언급하고 넘어가도록 하겠다. 그러나 이 정도 수준을 넘어서 좀 더 구체적이고 자세한 정보가 필요한 분들은 식품의약품안전처 홈페이지(mfds.go.kr/index.do)에 접속하여 법령/고시 페이지에서 '식품표시'를 검색하면 된다. 식품을 사기 전에 표시 사항을 확인하는 습관은 내 몸의 일부가 되기 위한 먹거리로서 자격이 있는지를 확인해보는 관문이 될 것이다. 마트에서든 온라인 쇼핑몰에서든 제품을 구매하기 전에 표시 사항을 먼저 찾아보고 만일 없다면 업체에 당당하게 요구할 수 있는 똑똑한 소비자가 되어보자.

표시 사항의 영양 성분 보는 법

한글 표시 사항에는 원재료명 및 함량, 유통기한의 위치, 보존 및 보관방법, 포장 재질 등의 제품 정보를 확인할 수 있다. 다음 그림의 영양 성분 분석표는 총 내용량 145g을 섭취하면 325kcal의 열량

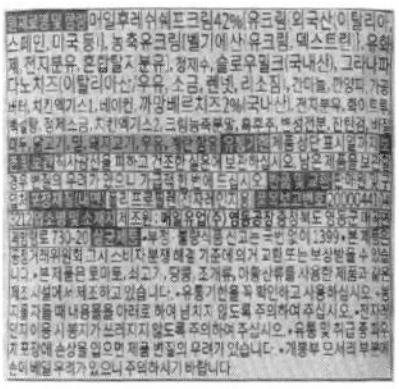

한글 표시 사항

영양정보	총 내용량 145 g/325 kcal
나트륨 800 mg **40%**	탄수화물 8 g **2%**
당류 6 g **6%**	지방 30 g **56%**
트랜스지방 0.8 g	포화지방 17 g **113%**
콜레스테롤 70 mg **23%**	단백질 6 g **11%**
1일 영양성분 기준치에 대한 비율(%)은 2,000 kcal 기준이므로 개인의 필요 열량에 따라 다를 수 있습니다.	

영양 성분 분석

을 섭취한다는 뜻이다. 각 영양소의 함량과 1일 영양 성분 기준치(2,000kcal)에 대한 비율(굵은 글씨)을 확인할 수 있다. 굵은 글씨는 하루 2,000kcal를 섭취해야 하는 어른 기준으로 표시되어 있다. 아이 음식도 2,000kcal 기준으로 표시된 경우가 다수다.

아이의 영양 성분 기준치는 '아이들의 영양 섭취 기준'을 참고한다. 예를 들면 6세 여아에게 위의 제품을 주고자 한다면 기준치에 대한 비율에서 1,500/2,000인 약 0.75를 나누어준다. 제품에 첨가된 나트륨은 6세 여아의 기준치 비율이 약 53%에 해당되는 양이기 때문이다.

영양정보에 적힌 영양소 섭취량 기준을 살펴보면 다음과 같다.

- 나트륨 : 한 끼 나트륨 권장량은 30% 내외(굵은 글씨)가 적당하다.
- 당류 : 당류는 권장 영양소가 아니기 때문에 기준치에 대한 비율이 아닌 그 자체 양을 표시했다. 그래서 비율이 적은 제품을 고른다.
- 지방 또는 포화지방 : 예시 제품은 크림소스다 보니 지방과 포화지방 함량이 높다. 이 점을 확인하면 '자주' 먹던 크림소스를

'종종' 먹게 될 것이다.

• 탄수화물 : 굵은 글씨가 30% 정도 되도록 섭취한다. 예시 제품에는 부족한 탄수화물을 추가한다.
• 단백질 : 굵은 글씨가 30% 정도 되도록 섭취한다. 예시 제품에 단백질이 부족하니 새우나 오징어 등의 단백질을 추가한다.

첨가물에
첨가된 진실

첨가물은 비호감?

첨가물. 단어부터 비호감이다. 첨가물이라 하니 뭔가 일부러 넣은 물질 같고, 식품첨가물이라고 하면 이미 알려진 정보들로 인해 단어만 들어도 기분이 언짢아진다. 인터넷에서 식품첨가물을 검색해서 그 정보를 자세히 읽다 보면 첨가물을 먹으면 신경이 마비되고 장애가 올 것 같아서 무서울 지경이다. 그렇다면 정말 첨가물은 우리 몸에 독이 될까?

현행 식품위생법 기준으로 식품첨가물이란 식품을 제조, 가공 또는 보존하는 과정에서 식품에 넣거나 섞는 물질 또는 식품에 적시는 등에 사용되는 물질을 말한다. 우리가 알고 있는 살균제, 보존제, 산화방지제, 화학조미료, 감미료, 착색료, 착향료, 발색제, 팽창제, 안정제, 산미료 등이다. 사실 개발자 측면에서 첨가물은 완성된 제품 기준으로 대량생산의 가공 공정을 거치면서 발생되는 품질 저하 현상을 줄이기 위해 사용하는 도구로 생각했다.

감자볶음을 집에서 만든다고 생각해보자. 감자 껍질을 벗겨서 도마에서 칼로 자른다. 기름을 두른 뜨거운 프라이팬에 소금과 후추 간을 하며 볶으면 완성된다. 하지만 이것이 대량생산을 하게 되면 간단한 문제가 아니다. 몇백 킬로그램이 되는 감자의 껍질을 벗기려면 많은 시간이 소요된다. 그러는 동안 미리 잘라놓은 감자는 효소 반응에 의해 갈변이 된다. 갈변이 된 감자는 익히더라도 보라색을 띠기 때문에 상품성이 떨어진다.

이러한 갈변 현상을 방지하기 위해 잘라놓은 감자를 세척할 때 미량의 첨가물(구연산, 산화방지제)을 사용하기도 한다. 많이 만들어놓고 오래 저장하더라도 품질이 유지되기 위해 식품을 가공하기 시작하면서 식품첨가물의 종류가 점점 늘어나기 시작했다.

고대 중국 때부터 첨가물은 존재했다

고대 중국에서 두부를 만들기 위해 두유에 넣었던 간수, 서양에서 육류를 변색 없이 장기간 저장하기 위해 사용했던 암염, 우리 조상들도 겨울에도 채소를 먹기 위해 소금이나 식초를 사용한 예 등이 식품첨가물의 기원이다. 암염의 경우, 소금이 산소를 만나 질산염을 생성하고 세균 작용에 의해 아질산염으로 변하는데 이것이 부패 방지 효과를 낸다는 게 밝혀졌다. 또한 식품을 보다 맛있어 보이게 하려고 사용해온 치자나 맨드라미 등의 천연색소도 식품첨가물의 일종으로 볼 수 있다.

천연, 합성 모두가 첨가물

현재 우리나라에서는 화학합성물 405종, 천연첨가물 197종, 혼합제제 7종 등 모두 609종이 식품첨가물로 허가받고 있다(2015년 기준). 식품첨가물의 품목별 성분 규격, 사용 기준 등의 기준 및 규격에 대한 관련 규정은 식품첨가물 공전에서 확인할 수 있다. 제조법에 따라 천연첨가물과 화학적 합성첨가물로 나눌 수 있다.

화학적 합성첨가물은 동물, 식물, 광물 등 천연물과 그 추출물을 원료로 화학반응을 일으키거나 화학물질에서 합성해 얻는다. 반면 천연첨가물은 천연의 동식물과 광물을 추출한 후 첨가물로 유효한 성분만 얻어 사용한다.

새로운 식품첨가물을 지정할 경우는 안전성이 확보되어 있고, 식품에 사용할 때 충분한 효과가 있어야 하며, 제조 방법이 확실하며, 실험법과 독성 시험자료가 구비되어 있을 경우에 한정한다. 또한 첨가물의 사용 기준은 1일 섭취 허용량(ADI : Acceptable Daily Intake, 의도적으로 사용되는 화학물질에 대해 일생 동안 섭취해도 유해 영향이 나타나지 않는 1인당 1일 최대 섭취 허용량)을 실험을 통해 정한다. 동물 실험으로 동물들이 먹어도 안전한 최대 양을 정하면 이 값을 100~250(안전계수)로 나눈 양이 사람이 먹어도 되는 1일 섭취 허용량이 된다.

소비자를 위한다면 이렇게

제품을 개발할 때는 식품 유형에 따라 넣지 말아야 할 식품첨가물의 종류와 그 양을 잘 확인하여야 하며, 표시 사항을 작성할 때 식품첨가물은 명칭과 용도를 모두 표시해주어야 한다. 또한 일부 식품 회사들은 소비자들의 이러한 불안감을 해소하기 위해 합성첨가물 대신 유사한 기능을 하는 천연 유래 물질을 사용하는 등의 다양한 시도를 하고 있다.

하지만 최근 식품첨가물에 대한 안전 문제가 제기되면서 소비자들의 불신은 커지고 있다. 식품첨가물에 대한 체계적인 과학적 교육이나 정보 제공이 부족한 상태에서 언론을 통해 자극적인 내용으로 소식을 접하게 되니 왜곡된 인식을 갖게 되기도 한다.

한때 식품회사들이 무첨가 콘셉트로 제품을 마케팅하기도 했으나 이는 식품업체 자체가 식품첨가물의 안전성에 대해 문제를 제기한 결과가 되어 첨가물에 대한 불신과 불안을 더욱 가중시키는 결과만 낳고 말았다. 또한 관련 정보를 찾아보더라도 괜찮다는 의견과 나쁘다는 의견이 대립되어 먹으라는 것인지 먹지 말라는 것인지도 혼란스럽다.

편리성이 강조되는 가정간편식도 식품첨가물을 피해갈 수 없다.

가정간편식 시장이 성장하는 흐름에 맞춰 식품첨가물 시장이 성장하고 있는 것이 그것을 증명해준다. 하지만 눈에 보이지 않는 식품첨가물을 도려내고 먹을 수도 없다. 그렇다고 매 끼니를 집에서 만들어 먹을 수도 없는 노릇이다. 또한 식품첨가물이 안전하다는 의견을 믿고 의식하지 않고 먹기에는 찜찜하다. 우리가 기억해야 할 것은 뭐든 적당히 먹는 것, 외부 실험 결과는 참고만 하되 식품첨가물에 대한 내 몸의 반응을 살피는 일이다.

식품첨가물을 대하는 우리의 자세

그렇다면 가정간편식을 선택할 때 첨가물을 어떻게 이해하여 가정간편식을 선택해야 할까?

첫째, 1일 섭취 허용량(ADI)의 개념을 잘 이해하자

앞서 설명했듯이 식품첨가물은 1일 섭취 허용량으로 사용량을 제한하고 있다. 우리가 매일 먹는 음식엔 첨가물이 들어 있는데 이 양은 매우 미량이라는 것이다.

예를 들면 930ml 간장 한 병에 파라옥시안식향산메틸이라는 보존료는 23mg 이하로 첨가하는 것으로 제한되어 있다. 체중 60kg 성인을 기준으로 이 보존료의 1일 섭취 허용량은 600mg이며 생리학적약동학모델(다양한 노출 경로에 의한 인체 각 장기의 독성동태 및 노출량을 예측하기 위한 모델)을 활용하여 예측된 노출량은 약 0.3% 수준이었다.

하루에 1일 섭취 용량을 다 채우려면 간장을 하루에 수십 병을 먹어야 한다. 보존료로 몸에 이상이 생기기 전에 나트륨 과다 섭취로 다른 증상이 생길 수도 있는 양이다. 1일 섭취 허용량을 이해하면 가정간편식을 섭취하면서 식품첨가물을 섭취함으로써 벌어지지 않을 일에 대한 걱정을 떨쳐내는 데 도움이 된다. 물론 미비한 수준이라 해도 맘 놓고 과도하게 섭취하는 것은 피해야 한다.

둘째, 표시 사항을 확인해야 한다

앞서 설명했듯 표시 사항에는 식품첨가물의 명칭과 용도를 모두 작성하도록 되어 있다. 식품회사들이 제품을 만들 때 소비자들 몰래 첨가물을 넣는 것이 아니라 '이 간장에는 안식향산나트륨이라는 보존료를 넣었어요'라고 표시하고 있다.

하지만 소비자들은 표시 사항을 보지 않으면서 가공식품에는 무조건 각종 식품첨가물을 넣었을 것이란 편견을 가지고 있다. 표시 사항을 확인함으로써 자신이 섭취할 제품의 식품첨가물을 알 수 있고, 특정 첨가물이 들어 있는 제품을 선택하지 않을 수도 있다.

하지만 소비자가 식품첨가물에 대한 정보를 다 숙지할 수는 없다. 식품 개발자인 나도 모든 식품첨가물의 명칭을 외우진 못한다. 특히 소비자들에게는 식품첨가물의 복잡하고 긴 화학명도 거부감이 든다. 그래서 제품 구매 시 기억하면 좋을 첨가물 리스트를 '식품첨가물의 사용 예'에 정리했다. 자주 보아 눈에 익혀두면 도움이 될 것이다.

| 식품첨가물의 사용 예 |

사용 목적	역할	대표적인 첨가물	주요 사용 식품
감미료	단맛을 부여함	아스파탐, 사카린, 수크랄로오스, 말티톨 시럽 효소처리스테비아 등	단무지, 껌, 과자 등
발색제	색소 유지하고 보존 기간을 연장함	아질산나트륨, 질산나트륨 등	햄, 소시지, 어육소시지 등
보존료	미생물에 의한 변질을 방지하여 식품의 보존 기간을 연장함	소브산, 소르빈산, 프로피온산, 안식향산나트륨	간장, 잼류, 빵류 등
산화 방지제	변색을 막고 지방 산패를 예방함	아스코르빈산나트륨, 무수아황산, 부틸히드록시아니솔	버터, 와인, 시리얼, 마요네즈 등
유화제	물과 기름처럼 섞이지 않는 물질을 균질하게 혼합된 상태로 만들기 위해 사용함	글리세린지방산에스테르, 라우릴황산나트륨, 카제인나트륨, 레시틴	아이스크림, 건강기능식품, 마요네즈 등
영양 강화제	특정 영양소 보강	비타민C, 비타민 E, 무기질 등	분유, 시리얼 등
착색료	식품에 색을 부여하거나 원래의 색을 복원함	식용색소 황색 제4호, 카라멜색소, 타르색소, 파프리카색소, 락색소 코치닐색소, 안나토색소	소스류, 떡, 사탕 등
착향료	식품에 향을 부여함	합성 향	우유, 사탕, 주스, 과자 등
표백제	식품을 하얗게 만들거나 변색되지 않도록 함	아황산나트륨, 무수아황산	밀가루, 와인, 건조과일 등
향미 증진제	맛이나 풍미를 향상함	MSG, 핵산, 효모추출물	조미료, 소스류, 어묵, 음료 등
살균제	채소나 과일류 살균을 목적으로 함 최종 식품의 완성 전에는 제거하여야 함	차아염소산수, 이산화염소(수)	한입 과일류, 씻어 나온 샐러드류, 밀가루
증점제	식품의 점도를 증가시킴	구아검, 로커스트콩검 변성전분, 아라비아검 잔탄검, 카라기난	소스류, 요거트

식품 개발자 입장에서 팁을 준다면, 표시 사항을 봤을 때 식품첨가물의 수가 적은 제품을 선택하는 것이 좋다. 제품에 대한 주원료가 충실한 제품일수록 첨가물 종류가 적게 들어간다. 이 말은 곧 주원료 사용을 최소로 하면 완제품의 품질을 좋게 하기 위해서 식품첨가물을 다양하게 사용해야 한다는 뜻이다.

떠먹는 요거트를 예를 들면 원유 사용을 줄이면서도 요거트와 품질이 유사하게 나타나려면 농도를 개선해줄 첨가물을 넣어야 하고, 요거트 향으로 보강해주거나 다른 과일 단맛으로 부족한 맛을 채워야 한다. 이러한 식품의 경우 불필요한 식품첨가물을 섭취하게 하는 것이기 때문에 표시 사항을 확인하고 다른 제품들과 원재료를 비교 확인하며 구매하기를 권장한다.

원료,
넌 어디 태생이냐?

너 어디서 왔니?

우리가 먹는 음식의 원료들이 어디서 어떻게 자랐는지 궁금하지 않은가? 한 지인은 마트에 가서 자기 아이를 위한 선택으로서 유기농 원료를 사용한 제품으로만 구매한다고 했다. 그런데 마트에 가면 친환경, 무농약, GAP 등 포장재마다 다양하게 표기되어 있어 무엇이 더 좋은지 고민이 된다.

지금까지 자신의 해온 선택이 현명한 것인지, 또 표시 사항마다 어떤 차이가 있는지 궁금할 때가 많다. 다양한 유형의 제품이 출시되는 만큼 표시 사항을 제대로 이해하고 합리적인 선택을 위해 같이 고민할 때다.

농산물의 고향, 원산지

농작물은 계절에 따른 가격 등락폭이 크다. 그래서 제철일 때 수확하여 가공해 비축하면 비교적 저렴한 가격으로 이용할 수 있다. 대기업 식품회사의 경우 제품 생산을 위해 필요한 원료량이 연간 톤 단위이므로 미리 대량으로 물량을 확보해야 한다. 이런 경우 원료의 단가를 낮출 수 있는 이점도 있다.

그런데 필요 물량이 국내에서 생산하는 양으로 부족할 경우, 중국과 같은 해외 농작물 거래도 진행하게 된다. 이렇게 국내 또는 해외에서 원하는 조건의 농축산물을 찾게 되면 사용해도 되는지 검증을 하게 된다. 식품 공전의 규격에 맞춰 잔류 농약이나 중금속 등의 검출 여부를 확인한다. 규격 내 적합한 원료만 사용할 수 있고, 등록된 원료는 주기적으로 점검을 하기도 한다. 이러한 원료로 만든 제품에는 원료의 원산지를 표시하도록 되어 있다.

국내 농산물에 대한 원산지 표시는 국산이나 국내산 또는 생산된 시 군의 명칭을 표시해야 한다. 수입 농산물에 대해서는 국명(산)을 표시해야 한다. 가공식품의 경우에는 배합 비율이 50% 이상인 원료는 그 원료를 표시하고, 배합 비율이 50% 이상인 원료가 없는 경우 배합 비율이 높은 순서로 두 가지의 원료를 포함해 원산지를 표시해야 한다.

이러한 표시제도는 외국의 농산물이 국내 농수축산물 및 가공품으로 둔갑하여 판매, 유통되는 것을 방지하고 허위로 표시하는 행위를 단속하기 위함이다. 국내 농어민을 보호하고 소비자들에게는 좀 더 정확한 원산지 정보를 제공하여 '알권리'를 충족시키기 위해 도입한 제도다. 또한 식당에서도 주원료의 원산지를 표기하도록 되어 있다.

하지만 수만 가지의 제품과 전국의 모든 음식점에 이러한 제도를 잘 지키고 있는지 확인하기란 쉬운 일이 아니다. 대기업의 경우 사용할 원료의 상태를 확인하고 주기적으로 관리하지만, 중소기업의 경우 비용과 인력의 문제로 원료 관리가 쉽지 않다. 그렇기 때문에 소비자들은 제품의 표시 사항과 식당의 원산지 표기를 확인하는 습관이 필요하다. 물론 생산자들은 이러한 표시제도를 잘 이해하고 원산지 정보를 투명하게 제공해야 한다.

유기농 vs 무농약 vs 친환경

마트에 가면 유기농, 무농약, 친환경이라고 적혀 있는 농작물을 흔히 볼 수 있다. 이것들은 어떻게 다를까?

'유기농'이란 살균제, 살충제 등의 농약과 화학비료, 성장 조절 호르몬제, 항생제, 가축 사료 첨가제 등을 사용하지 않고, 유전자 변형이나 방사선 살균을 거치지 않은 식품으로 자연 친화적인 방법만으로 각종 채소나 곡물을 재배한 것을 말한다. 유기 농산물은 최소한 3년 이상 농약이나 유기합성 농약, 화학비료 등을 전혀 사용하지 않은 땅에서 재배한 것이어야 한다. 3년이란 시간이 지나야 땅속에 남아 있던 잔류 농약이나 비료 등 화학물질들이 분해되었거나 씻겨 내려가기 때문에 비로소 깨끗한 농토에서 식품이 재배되었다고 인정할 수 있기 때문이다.

'무농약 농산물'은 농약만 사용하지 않는 농산물이다. 그리고 무농약 농산물은 화학비료를 원래 사용하는 양의 3분의 1 이내에서 사용할 수 있도록 되어 있다. 저농약 농산물은 농약을 뿌린 횟수가 농약 안전 기준의 2분의 1 이하, 화학비료는 되도록 권장량의 2분의 1 이내에서 사용하도록 되어 있다.

'친환경 제품'은 유기농과 무농약 제품을 아우르는 상위 카테고리라 생각하면 된다.

유기농 식품이 다른 식품보다 더 안전하다거나 우수하다고 볼 수 있을까? 대부분의 사람들이 유기농 제품은 품질이 매우 좋고 안전할 것이라고 맹신하는 경향이 있다. 그래서 세척과 소독을 잘 하지 않으며, 부주의한 보관으로 오히려 오염 미생물의 증식을 유발하기도 한다.

유기농 제품의 품질이 월등하게 우수하다기보다는 농약과 화학비료를 사용하지 않는 환경 친화적인 생산 과정을 통해 지구 생태계와 환경을 보호하는 생산 기법으로 이해하면 좋다. 유기농 농사법으로 생산된 농작물은 수확량이 적고 유지 관리 비용이 더 높아 가격이 높은 것이다.

그러나 농작물은 원래 생물학적, 화학적, 물리적 위해요소에 노출되어 있다. 잔류농약, 중금속 등의 화학적 위해가 가장 위험한 것으로 인식되어 이것을 최소화한 유기농의 인기가 높아졌다. 하지만 식품 오염의 90%는 대장균과 같은 미생물적 위해요소에 의한 것이다. 화학비료 대신 가축 분뇨 등 유기비료를 사용한다는 점에서 미생물적 위해요소에 노출 가능성이 크기 때문이다.

즉, 비싼 것이 무조건 좋다는 인식을 버리고 합리적인 가격으로 선택할 것을 제안한다. 유기농이 아닌 농산물을 구입한다고 해서 죄책감을 갖지 않아도 된다는 뜻이다. 제품을 구입할 때 공인 인증 마크를 잘 확인하고 냉장 유통과 포장이 잘 관리된 제품을 선택하면 된다. 모든 농작물은 식초나 베이킹소다를 섞은 물에 잠시 담그고 흐르는 물에 세척해서 섭취하면 된다.

GAP 인증이란?

GAP란 'Good Agricultural Practices'의 각 단어 앞 글자를 떼어 만든 용어로 농산물의 생산과 수확 후 관리, 유통 등 각 단계에서 농업환경(농경지·농업용수)과 위해요소(농약·비료·미생물·중금속 등)를 적합하게 관리하는 제도를 말한다. 위해요소를 최소화하고 소비자들에게 안전한 식품을 제공하기 위하여 농축산물의 재배, 수확, 수확 후 처리, 중금속의 잔존 여부, 미생물로부터 안전하게 관리되는지 또 저장 중 화학제의 처리 등을 소비자가 알 수 있도록 전달하는 체계다.

국제 표준 규격(CODEX), 국제식량농업기구(FAO) 등 국제기구를 중심으로 이 제도가 세계적으로 확산되고 있다. 농민이나 생산자 단체가 국립농산물품질관리원이 지정한 인증기관에 신청서를 제출하면 인증기관에서 적합 여부를 심사해 인증서를 발급해주는데 그 과정이 꽤 까다롭다. 적합 여부 심사 때 재배지의 토양과 용수·농산물을 채취해 중금속·잔류농약을 검사해야 하고 서류 심사와 현장심사를 통과해야만 인증을 획득하게 된다.

인증서를 발급받은 농민만이 출하농산물의 포장재에 인증 표시를 할 수 있다. 2년에 한 번씩 갱신해야 하니 꾸준히 관리해야 인증을 유지할 수 있다. GAP 인증은 소비자에게 안전하고 믿을 수 있는 먹거리를 공급한다는 걸 농가 스스로 증명해 보인다는 점에서 일종의 자부심이라고 하니 이러한 노력을 이해하고 인증제도가 확대될 수 있도록 소비자로서 믿고 이용하면 좋을 것 같다.

GMO에 대한 생각

GMO(Genetically Modified Organism) 농작물이란, 유전공학 기술을 이용해 특정 유전자를 바꾸거나 조작한 농작물을 의미한다. 전통적인 품종 교배도 한꺼번에 수백, 수천 가지 유전자를 혼합하지만, 그것은 여러 세대를 거치며 개량이 이뤄진다. 하지만 기존 작물에 없는 유전자를 인위적으로 결합시켜 새로운 기능을 만들기 때문에 즉시 개량이 가능하다.

제초제에 내성을 가진 박테리아 유전자를 옥수수에 이식해서 제초제를 뿌려도 살아남는 옥수수가 대표적인 GMO 농작물이다. 이것을 개발한 회사는 옥수수 종자와 제초제를 세트로 판매하여 이윤을 극대화했다. 처음에 사람들은 GMO 옥수수가 인류의 식량 문제를 해결할 신기술이라며 극찬했다. 하지만 제초제의 무분별한 사용으로 인한 현상으로 문제가 제기되기 시작했으며 인체 유해성에 대한 논란이 지금까지도 계속되고 있다.

GMO 작물이 잡초를 죽이는 화학물질에 더 잘 견디도록 교배되었다면 농부들은 더 많은 제초제를 거리낌 없이 사용할 것이다. 그렇다면 농장 주변에 살고 있는 천연 식물까지 모두 죽여 광범위한 환경 문제가 발생될 것이다.

그렇게 되면 다량의 제초제에 내성을 가진 슈퍼 박테리아가 생기는 등 생태계 파괴가 초래될지도 모른다. 유전자 조작된 신규 단백질이 알레르기를 일으키기도 하며 어떠한 문제가 발생될지 예측이 어렵다는 점도 불안한 요소다. 또한 이러한 기술을 독점한 소수의 주요 다국적기업의 통제를 전 세계인이 받을지도 모른다는 의견도 팽배한 실정이다.

반면에 최근에는 인체에 무해함을 증명하는 여러 연구가 진행 중이며 GMO 작물의 사용을 확대하자는 여론도 커지도 있다. 해충에 잘 견디고 빠르게 자라는 GMO 작물은 살충제와 비료를 사용할 필요가 줄어든다는 의미이므로 환경에도 이롭다는 것이다. 세계 인구 증가로 인한 수요 급증과 변화하는 요구를 만족시키기 위해서는 영양분을 강화하고 어느 환경에서도 적응할 수 있는 작물 생산을 위해 유전자 조작 기술이 필요하다는 것이다. 동물의 사료로 이미 사용하고 있고 이 동물이 여러 세대를 거쳤기 때문에 인간에게도 큰 문제가 없을 것이라는 의견도 팽팽히 맞서고 있다.

현재 상업적으로 이용 가능한 유전자 조작 농작물은 옥수수, 흰

콩, 목화(면실유 제조용), 카놀라(카놀라유 제조용), 땅콩호박, 파파야, 사탕무(설탕용), 알팔파(동물 사료용) 여덟 가지다. 우리나라에서는 재배가 제한되고 대부분 전량 수입하고 있다. 2017년 2월부터는 함량과 관계없이 모든 원재료에 유전자 변형 DNA가 검출되면 GMO 표시를 하도록 개정되었다.

단, 유전자 변형 농산물을 사용했으나 제조 과정에서 유전자 변형 DNA, 단백질이 완전히 파괴돼 검사 자체가 불가능하거나(식용유, 간장, 물엿, 올리고당 등) 비의도적으로 혼입된 유전자 변형 농산물 비율이 3% 이하인 경우는 예외로 하고 있다. GMO 원료에 대해서는 현재 갑론을박이 팽팽하게 맞서고 있는 실정이지만, 한 번쯤은 모두가 진지하게 고민해봐야 할 주제라고 생각한다.

브랜드, 디자인, 캐릭터, 인플루언서에 현혹되지 말자!

브랜드 제품이면 만사 오케이일까?

몇 년 전 회사에서 신규 브랜드를 론칭해서 전략적으로 키울 계획을 수립했다. 그래서 한식 브랜드를 출시했다. 처음에는 비빔밥의 패스트푸드화라는 콘셉트로 레스토랑을 먼저 론칭했고, 그 이후 가공식품으로 그 입지를 확고하게 다졌다.

그래서 신제품을 개발할 때 한식 브랜드로 출시하려면 몇 가지 조건을 갖춰야 했다. 한식 스타일의 메뉴로 일정 수준 이상의 맛과 품질을 확보해야 했다. 더불어 소비자들이 불편해하는 첨가물은 사용하지 않으며, 필요하다면 원료 무첨가 콘셉트를 사용하기도 했다. 처음 출시했던 냉동 만두가 홍행을 하면서 뒤이은 제품들은 대부분 맛있다는 인식을 갖게 되었다. 이후 양식 브랜드를 출시했고 이 또한 소비자들의 기대를 충족해주고 있다. 가끔 지인들에게 브랜드 제품이 맛있다는 평을 듣기도 한다.

이렇게 회사와 소비자에게 믿음을 주는 브랜드는 식품 시장에서 중요한 요소가 되었다. 그래서 식품회사들은 브랜드를 키우기 위한 노력을 끊임없이 하고 있다. 분명히 브랜드에 대한 신뢰도 중요하다. 하지만 브랜드의 신뢰만으로 소비자들이 가정간편식을 구매해도 될까?

아이들이 먹는 것은 어쩌면 캐릭터

얼마 전 사내 급식에서 딸기 우유가 메뉴로 나온 적이 있다. 딸기 우유갑에 요즘 유행하는 캐릭터가 귀엽게 새겨져 있었다. 미소를 지으며 마셨는데 왠지 맛이 어색했다. 얼른 표시 사항을 확인하니 이게 웬일인가. 제일 많이 들어가야 할 원유는 없고 정제수, 기타과당, 혼합분유, 설탕 등의 원료로 만들어졌다. 인터넷에 제품을 검색했더니 '귀여워서 샀어요' 등의 후기가 다수였다. 200ml 두 팩을 1,000원에 구입했다고 하니 아마도 원료 가격보다 캐릭터 로열티로 지불하는 비용이 더 많았을지도 모르겠다.

딸아이를 데리고 키즈 카페에 종종 간다. 웬만한 간식은 집에서 챙겨가는 편이다. 하지만 냉장고에 가지런히 진열되어 있는 캐릭터 주스의 유혹을 뿌리칠 수 없다. 신나게 뛰어논 아이들이 캐릭터가 그려진 주스를 너도나도 마시고 있노라면 우리 아이도 먹고 싶어 하니 안 줄 수가 없다.

표시 사항을 보니 원료도 정제수, 기타 올리고당(액상과당 등), 백설탕 등 순위가 높은(많이 넣은 원료 순서) 당류들이었다. 사과맛, 딸기맛을 내는 원료도 과일 농축액 2% 내외로 들어가 있고, 합성착향료가 부족한 과일 맛을 채우고 있다. 주스 한 병에 당류가 14g이나 들어 있다고 하는데 이 양이면 각설탕 4.6개 정도가 된다. 하루 섭취 권고량이 17g이라고 할 때 80% 이상을 마시는 셈이다. 주스의 주 표시면에 캐릭터 그림을 넣어 아이를 유혹하는데, 식약처 인증도 받았고 비타민도 강화했다니 엄마들은 사주게 된다. 나는 우리 아이 혼자만 못 먹게 할 수도 없어서 일단은 사주고 반 정도만 마시게 한다.

인터넷 판매처에 "아이가 좋아해요"라는 후기를 읽으면 참으로 안타깝다. 분명 아이가 좋아하는 단맛이 나고 캐릭터 그림이 그려진 주스니 당연히 아이들이 좋아할 텐데 엄마들은 과연 이러한 정보를 알고 있을까? 이렇게 식품회사들이 매출 증대를 위해 인기 있는 캐릭터들을 앞세우고 있다. 분명 인기 있는 캐릭터에 괜찮은 원료를 사용한 제품도 있다. 하지만 앞의 예시처럼 캐릭터만 보고 구매할 경우 제품에 대한 정보를 인지하기 어려운 경우가 많다.

인플루언서의 영향력을 과대평가하지 마라

제품을 광고하기 위한 또 다른 방법은 유명인들을 내세워 제품을 판매하는 것이다. 소비자들에게 믿음을 주는 힘을 가진 브랜드가 없는 회사의 경우 유명인을 표지모델 또는 유통자로 내세워 제품을 판매한다. 특히 엔터테이너 셰프(방송에 출연하는 인기 있는 요리사)가 만든 제품이라고 하면 소비자들은 '맛은 보장되겠지'라는 기대심리를 갖기 마련이라 곧 매출로 연결된다. 홈쇼핑에 나온 유명인이 설명하면서 판매 제품으로 먹방을 보여주고 마감임박 글자가 뜨면 이내 침샘이 고여 나도 모르게 결제 버튼을 찾곤 한다. 클릭 직전에 어떤 원료를 사용했고 제조처는 어디이며, 양이 어느 정도인지 등의 주요 정보를 찾기 시작한다.

그런데 제품의 정보는 왜 이렇게 화면에서 금방 지나가는지 정신이 없다. 인터넷 검색을 통해 표시 사항의 원료 정보를 찾아보면 마우스를 맨 밑으로 내려야만 확인할 수 있다. 이쯤 되면 정신이 돌아와 이내 지름신을 물릴 칠 수 있다. 특히 제조업체가 어딘가 보면 '과연 공장 관리는 잘되고 있을까?' 궁금하기도 하다.

바꿔 말하면 회사들은 제품의 콘셉트와 브랜드, 유명인을 사용한 광고로 제품의 매출 향상 효과가 있으니 이 부분만 앞서 광고하는 것이다. 정작 중요한 정보는 안 보여줄 수는 없으니 잘 보이지 않는 곳에 둔다. 화면이 보여주는 유명인의 이야기만 보고 제품을 구매한 다음 그것이 맛이 없다면 실망감은 더욱 크게 다가온다.

최근에는 소셜네트워크서비스(SNS)에서 수십만 명의 구독자(팔로어)를 보유한 SNS 유명인인 인플루언서(Influencer)들을 발굴해서 광고를 한다고 한다. 이들의 특징은 평범하다는 것이다. 다른 세상에 살 것 같은 범접하기 어려운 연예인이 아닌 옆집에 살고 있을 것 같은, 나와 같은 고민을 하고 있는 언니나 오빠쯤으로 생각되는 사람들이다. 요즘처럼 정보의 홍수 속에서 대체 무엇을 먹어야 하는지 소비자들은 선택 장애의 스트레스를 받고 있다. 더 이상 실패하고 실망하고 싶지는 않다. 그런데 나와 같은 고민을 하는 평범한 누군가가 먼저 사용해보고 '괜찮아요', '맛있어요'라는 후기를 남겨주면 이내 믿음이 생기는 것이다. 그 사람의 전문성보다도 친숙함과 신뢰가 더욱 중요하다.

믿을 수 있는 제품이란?

이쯤 설명하고 보니 우리 소비자들은 제품을 구매할 때 믿음이 가장 중요한 것 같다. 자신이 관심 있는 제품에 대해 잘은 모르겠지만 이 브랜드는 '이 사람이 맛있다는 말은 믿을 만할 거야'라는 기대가 구매로 이어지는 것이다. 후기가 넘쳐나는 인터넷에 어떤 것이 진짜 정보인지 판단하는 것도 어렵다.

여기서 우리는 '믿음'에 집중하기 전에 '잘 모르겠다'에 집중해보자. 우리가 잘 모른다고 생각하기 때문에 믿을 만한 무언가를 끊임없이 찾게 되고, 이것은 결국 마케팅의 대상이 되는 것이다. 조금은 어렵고 복잡하겠지만 내가 먹어야 할 제품의 정보를 살펴보고 먹는 것은 어떨까?

제품을 구매하기 전에 먹음직스러운 화면, 제품의 화려한 앞면을 용감하게 뒤집어 뒷면부터, 화면의 맨 밑의 정보부터 보는 연습을 해보자. 어떤 원료가 제일 많이 들어 있는지, 칼로리는 어떤지, 이 제품을 먹게 되면 탄수화물이나 나트륨은 얼마나 먹게 되는지 등 표시 사항에 적힌 정보를 읽는 연습부터가 시작이라고 생각한다.

읽어보다 보면 익숙한 단어들도 보일 것이고, 그것이 무엇인지 궁금증도 생길 것이다. 직접 식품회사나 관련 정부 기간에 문의할 수도 있고 필요하다면 추가 정보도 요구할 수 있다. 그럼 점점 주요 정보는 눈에 잘 띄는 곳에 위치하게 될 것이다. 소비자의 알권리를 누리자.

물론 앞으로 식품회사와 유명인, 인플루언서 등 가정간편식을 판매하는 분들은 소비자의 이러한 고민과 불안을 해결하는 방향으로 제품을 개발하고 판매했으면 한다. 식품은 판매자들이 돈을 버는 수단이기 전에 본질적으로 우리의 생명유지를 위한 영양소 공급원이다. 여러분의 브랜드를 믿는 소비자가 올바른 식품을 구매할 수 있도록 책임감을 갖기를 당부하고 싶다.

가정간편식이 비싸다고요? 오해입니다

보쌈을 살까요? 만들까요?

오랜만에 주말에 보쌈을 먹고자 한다. 평일에 바빠서 거의 외식을 해서 주말에는 집밥을 먹고 싶은 마음도 든다. 자, 그렇다면 보쌈을 집에서 만들어 먹을 것인가? 가정간편식을 사 먹을 것인가? 고민하다가 인터넷 쇼핑몰에서 발견한 가정간편식 보쌈의 가격은 250g에 11,000원이다. '이 정도는 고기 사다가 나도 만들 수 있는데'라는 생각이 불현듯 떠올라 돼지고기 생고기의 가격을 찾아본다. 어랏! 돼지고기 앞다리 부위의 가격은 600g에 5,000원 정도밖에 안 되네? 생고기 대비 비싼 가정간편식 보쌈의 가격을 보고 클릭을 망설이는 나를 발견한다. 정말 가정간편식이 훨씬 비싼 것인가?

다음 페이지에 나오는 두 표는 가정에서 보쌈고기 재료를 직접 사다가 만들 때의 원재료비와, 가정간편식 보쌈고기를 구매했을 때 지불해야 하는 비용이다. 표를 참고하고 보쌈을 만드는 과정을 읽으며 상상해보자.

먼저, 돼지고기 앞다릿살, 양파, 대파, 월계수 잎, 된장, 물 등을 집 앞 마트에서 30분간 구매한다. 사온 돼지고기는 냄비에 들어갈 정도로 덩어리째 자른다. 양파와 대파는 껍질을 벗겨 씻고 큼직하게 자른다. 냄비에 물을 붓고 된장을 풀어낸 다음 월계수 잎도 넣는다. 이 과정이 끝나고 시계를 보니 10분 정도 지났다. 물이 어느 정도 끓으면 돼지고기 덩어리를 넣고 약 20분간 중약불에 삶는다. 고기를 칼로 찔러보아 핏물이 나오지 않으면 익은 것이니 꺼내서 먹기 좋은 크기로 자른다.

물론 사랑하는 사람을 위한 요리 시간이라 즐거운 마음도 들지만, 혹시나 맛이 없는 것은 아닐지, 돼지고기의 잡냄새가 나는 건 아닐지, 잘못 삶아져서 질겨지는 것은 아닌지 두려운 마음이 들기도 한다. 여기에 뜨거운 고기를 꺼내서 칼로 썰려니 뜨거워서 만지기도 어려워 모양은 뒤죽박죽이 된다.

보쌈을 만드는 과정은 앞의 8줄의 문장으로 짤막하게 묘사했지만 실제로 소요되는 시간은 약 1시간 정도이며, 요리에 능숙하지 않을 경우에는 그 이상의 시간이 걸릴 수도 있다. 보쌈을 드디어 완성했다고 안도의 한숨을 내쉬면 뒷정리도 해야 한다. 고기를 삶은 물은 버리고, 같이 삶았던 대파와 양파와 월계수 잎은 건져서 음식물

| 가정에서 보쌈고기를 삶을 때 소요된 비용 |

재료비 항목	원료량 (g)	원재료비 (원)	원료 단가 (원/kg)	산출 근거(2020년 3월 기준)
돼지고기 앞다리	375	3,300	8,800	보쌈 약 250g을 위해 필요한 원료량
양파	50	156	2,800	한국소비자원 참가격 평균가
대파	50	222	4,000	한국소비자원 참가격 평균가
월계수 잎	1	10	19,000	인터넷 가격
된장	30	165	5,500	한국소비자원 참가격 평균가 (CJ해찬들 된장 평균가)
물	720	619	860	이마트 기준
원재료비 합계	1,226	4,471		고기 가열 수율 약 66% (전체 수율 20%)
가스비		50		
인건비	1시간	8,590		2020년 최저시급 기준, 30분 재료 구매, 10분 재료 전처리(세척, 절단 등), 20분간 삶음, 5분간 썰기, 요리가 서툴다면 한 시간 이상 시간 소요
하수도/음식물 쓰레기 처리 비용		50		고기를 제외한 나머지 원료는 버림, 음식물 쓰레기 약 100g, 폐수 약 620g
합계		13,161		

| 가정간편식 보쌈고기를 구매할 때 소요된 비용 |

구매비 항목	가격(원)	비고
가정간편식 보쌈(250g)	11,000	앞다릿살 사용
배송비	3,000	마켓컬리 기준
합계	14,000	

쓰레기로 버린다. 사용한 냄비도 닦아야 한다. 보쌈을 만든 후 이것을 먹기도 전에 지친 나를 발견한다. 원료의 가격뿐만 아니라 조리 과정 중에 사용한 수도, 가스, 하수도, 음식물 쓰레기 처리비용에 대해 생각해본 적이 있는가? 한 시간 동안 보쌈을 만드느라 애쓴 나의 노동을 최저시급으로 가정하여 합산하면 집에서 보쌈을 만들어 먹을 때의 비용을 확인할 수 있다.

반면에 가정간편식을 이용할 경우 몇 번의 클릭과 배송비를 합한 금액을 지불하면 된다. 물론 구매하기 전 제품의 원재료 및 함량과 영양 성분표 등의 표시 사항과 후기 등을 꼼꼼하게 따져보는 것도 잊지 않는다. 먹기 전에도 전자레인지에 간편하게 1~2분 내외로 데워서 먹으면 된다. 맛은 어떨까? 오우, 생각했던 것보다 괜찮다. 얇게 썰어낸 고기 두께도 적당하다. 남은 시간은 즐겁게 가족과 함께 여유롭게 이야기를 나눌 수도 있다.

편리미엄 가정간편식

물론 요리에 자신이 있고, 시간적인 여유가 있는 요리를 즐기는 사람인 경우는 이러한 수고로움에도 불구하고 요리하는 것도 좋다. 하지만 주중에 내내 바쁘거나, 요리에 자신이 없는 주부가 주말에 만난 가족에게 무언가 해야 하는 부담을 느끼는 경우에는 가정간편식을 이용하는 편이 훨씬 도움이 된다. 특히 1인 가구일수록 소량으로 포장된 가정간편식을 구입하는 것이 훨씬 경제적이다. 주 1회,

한 번은 약간의 노력을 들여서 나 자신을 위한 밥상을 차리는 것을 적극 권장한다.

무형의 가치인 편리함에도 소비자들은 지갑을 열고 있다. 이제 프리미엄의 기준은 최소한의 노력과 시간으로 최대의 효과를 누릴 수 있게 하는 것이다. 현재 우리는 하고 싶은 일은 많지만 시간이 부족하다고 느끼기 때문이다. 이러한 소비자들의 니즈에 반응하여 가정간편식이 점차 업그레이드되고 있다. '집에서 즐기는 맛집 음식'이라는 스토리를 입혀 일반 식당 가격 이상으로 가격이 매겨진 프리미엄 상품들이 속속 등장하고 있다. 유명한 셰프와 협업하여 밀키트와 같은 가정간편식을 선보이기도 하고, 지역 특산물을 담은 편의점 도시락도 등장하고 있다.

이제는 가정간편식의 가격을 단순 대표 원료와 비교하며 망설이지 말자. 자신의 노동과 시간 그리고 교통비까지 포함해서 생각해봐야 한다.

맛, 그 치명적인 즐거움의 비밀

맛있는 음식은 무조건 좋은 음식일까?

사실 가공식품을 개발하면서 가장 고민인 부분이 맛을 내는 것이다. 소비자들이 '맛'있는 음식을 좋아하고 '맛'있는 제품이 잘 팔리기 때문이다. 대중들에게 맛있다고 인정받는 가공식품을 만들기란 어려운 작업이다.

나는 평소에 싱겁게 먹으려고 노력해서인지 신제품을 개발할 때 맛있는 맛을 맞추기가 어려울 때도 있다. 내 기준 입맛에 자극적이라고 느껴지도록 샘플을 만들어야 소비자 대상 맛 평가를 할 때 후한 점수를 받을 수 있다. 첫술에 '맛있다'라는 인상을 받으려면 입에 넣기 시작하고 그것을 씹으면서 목으로 넘길 때까지 깊은 맛과 당기는 맛에 달고 짭조름한 맛이 골고루 느껴져야 한다.

사실 제품을 대량 설비를 이용해 만드는 경우 제조 공정을 거치면서 발생되는 맛의 변화에 대해 예측하고 원하는 맛이 나오도록 설계한다. 예를 들면 양파를 볶을 때 집에서 볶으면 짧은 시간 내에 양파의 수분이 날아가고 약간의 기술로 불 맛도 쉽게 낼 수 있다. 하지만 이 과정을 공장에서 하게 되면 많은 양의 양파를 볶기 위해 오랜 시간 동안 가열해도 수분이 날아가기 어렵기 때문에 싱거워지는 경향이 있어 조미료를 더 넣게 된다.

홈메이드 쿠키에 들어가는 레시피를 보면 설탕의 양이 너무 많아서 놀란 경험이 있을 것이다. 쿠키를 오븐으로 가열할 때 고온의 열은 설탕을 분해하여 단맛을 약하게 하기 때문에 설탕을 많이 넣을 수밖에 없다. 이처럼 가공 공정을 거치면서 손실되는 맛을 더 보완하는 것은 필수적이다. 여기에 가공식품답게 자극적인 맛을 원한다면 그 이상의 조미료를 첨가해야 하는 것이다.

한편으로는 합성 조미료에 대해 불안해하는 소비자들을 위해 제품에 MSG도 빼고 소금과 설탕을 줄여 건강한 맛으로 만들더라도 결국 소비자들에게는 외면당하게 된다. 그러다 보니 MSG를 빼더라도 그 맛을 채워주기 위해 대체 조미료를 찾아 넣게 된다.

최근에는 다양한 음식을 접할 기회가 많아지면서 소비자들의 미식 수준이 향상되고 있다. 다양한 기술 개발로 집에서 만든 것과 같은 맛과 향상된 품질을 구현하기 위한 노력으로 소비자들의 기대에 부응하고 있다. 하지만 요즘엔 사람들이 음식에 대해서 너무 맛으로만 판단하는 것은 아닌지, 자극적인 맛만 찾는 것은 아닌지 걱정이 된다. 뿐만 아니라 가정간편식이 성장하는 모습 이면에는 제품 안의 나트륨이나 당의 함량이 높아 과다 섭취에 대한 우려가 있어 이에 대한 고민이 필요하다. 왜 우리는 맛있는 음식만 좇아가고 있는 것인가? 우리가 열광하는 맛이란 무엇인가?

혀의 기쁨, 맛

우리가 혀에서 느끼는 기본적인 맛은 단맛, 짠맛, 쓴맛, 신맛, 감칠맛 다섯 가지다. 《맛의 과학》의 저자 밥 홈즈(Bob Holmes)는 이러한 기본적인 맛은 생물학적으로 필요한 영양소를 알아내는 열쇠로서 진화해왔다고 한다.

맛을 추구하는 것은 생존을 위해 영양소를 찾아내는 선천적인 본능이 바깥으로 표출된 결과다. 단맛은 에너지가 함유되어 있는 탄수화물임을 알려주고, 짠맛은 필수 전해질이 함유되어 있음을 알려준다. 또 신맛은 비타민 C가 함유되어 있음을 알려준다. 특히 쓴맛은 몸에 독소가 들어오는 걸 막기 위한 생물학적 경보 시스템으로 작용되어왔다. 단백질이 있음을 알려주는 감칠맛은 일본 학자의 주장에 의해 2000년대에 기본 맛으로 인정되었다. 최근에는 여섯 번째 기본 맛으로 지방 성분을 알아내는 지방산 맛이 존재하지 않을까 하는 가설에 대한 연구가 진행되고 있다.

흔히 알고 있는 매운맛은 혀의 통증과 열 수용체를 자극하여 느낀다. 통각이 자극되면 기분을 좋게 하는 호르몬이 분비되는데 이는 마치 롤러코스터를 탄 것 같은 희열을 느끼게 한다는 것이다. 기본적인 맛에는 속하지 않지만 매운맛도 빠질 수 없는 맛 성분이라고 볼 수 있다. 시원한 맛은 멘톨 성분이 혀의 저온 수용체를 자극해 시원하고 상쾌한 느낌을 주는 것을 말한다.

어릴 때 배운 혀의 위치에 따라 느끼는 맛이 다르다는 이론도 의미가 없어지고 있다. 혀에는 맛 분자를 감지하는 단백질 수용체가 있으며 이를 통해 맛을 느낄 수 있다. 맛을 느끼는 단백질 수용체는 유전자 정보와 연관되어 있어 사람마다 느끼는 정도가 다르다고 한다. 작은 자극에도 쓰다고 느끼는 사람이 있고, 쓴맛 자체를 못 느끼는 사람이 있다. 이러한 정도의 차이는 음식을 선택하는 성향을 다르게 하기도 한다.

단짠단짠의 비밀은 맛의 상호작용에 있다

기본 맛은 서로에게 상호작용을 일으키기도 한다. 단맛과 쓴맛은 서로의 맛을 억제하고 짠맛은 단맛을 더욱 달게 느껴지게 한다. 짠맛이 어느 정도 존재해야 소량으로도 감칠맛이 잘 느껴진다. 그래서 단짠, 맵단과 같은 맛을 사람들이 맛있다고 느끼는 것이다. 여기에 방금 튀긴 듯한 고소한 튀김 향이 더해지면 입안의 침샘에 침이 고이기 시작한다.

사실 기본적인 맛에 냄새나 풍미가 더해져야 비로소 우리는 맛있다는 느낌을 받는다. 감미로운 커피향이 없는 커피를 상상해보면 그냥 갈색의 쓴맛이 나는 물일 것이다. 후각은 다양한 화학물질을 감지하는 감각기관이다. 뇌의 후각 담당 영역은 다른 영역보다 일찍 발달했기 때문에 기억, 학습, 감정 영역과 긴밀하게 연결되어 있다고 한다. 그래서 후각이라는 현재 감각을 과거의 경험과 연결할 수 있다.

여기에 식감, 시각 등의 복합적인 감각이 더해지면 우리는 음식이 더욱 맛있다고 느낀다. 바삭한 소리가 있어야 감자 칩이 더욱 맛있어지고, 예쁜 접시 안에 담긴 음식을 유니크한 인테리어가 있는 레스토랑에서 먹으면 더욱 맛있게 느껴진다.

최근 ASMR 시스템을 이용한 먹방에 열광하는 이유도 이 때문일 것이다. 혀로 느끼는 맛을 넘어 코로 느끼는 향, 귀로 듣는 소리, 눈으로 보는 모양과 촉감으로 느끼는 식감 등 다양한 자극을 느끼고자 하는 욕구를 충족하고자 하는 것이다. 이러한 자극을 바탕으로 언어적 정의, 문화적 연상, 개인의 기억을 통해 학습한 대상으로 인지한다. 그렇기 때문에 같은 음식을 먹더라도 그것을 기억하는 형태는 모두 다를 수 있다.

심심한 맛과 기억을 소환하자

우리가 기억하는 음식의 맛은 그것의 기본적인 맛뿐만 아니라 그것의 향기, 먹음직스러운 모습, 그것을 먹었던 분위기 등의 복합적인 자극이 학습된 무의식이라는 것이다. 채식 블로거의 인터뷰를 본 적이 있다. 채식하면서 가장 먹고 싶었던 음식이 닭볶음탕이라고 답했다. 채식 지향자로 선언한 이상 자꾸 떠오르는 닭볶음탕을 참고 또 참으면서 자신이 왜 그 음식을 먹고 싶어 했는지 생각해보았다고 했다. 그러면서 닭 없이 채소와 고추장 양념 등으로 비슷한 맛을 구현했는데 너무나 맛있게 다 먹었다고 했다. 먹으면서 닭이 먹고 싶었다기보다는 그 닭볶음탕의 붉은 양념과 자글자글 끓는 모습 그리고 그것을 가족과 함께 맛있게 먹었던 기억 때문에 그렇게도 먹고 싶었던 것 같다던 경험에 대한 이야기를 듣는 순간 음식에 대한 의미를 다시 생각해보게 되었다.

지금까지 우리가 경험했던 가공식품의 맛은 자주 노출된 학습에 의한 결과물인 것이다. 그렇다면 자극적인 맛에 반하는 심심한 맛을 재학습해보는 건 어떨까? 이미 나와 있는 가정간편식이 자극적인 것을 인정하고 이것을 희석해먹는 방법으로 재학습하는 것이다. 그것이 어렵다면 자극적으로 먹되 이것을 희석해줄 수 있는 채소 샐러드 등을 함께 먹는 노력을 시작해보는 것이다. 자극적인 가정간편식을 희석할 수 있는 정제염이 첨가되어 있지 않은 육수를 적극 이용하는 방법도 한 가지가 될 것이다. 이러한 정보는 가정간편식을 현명하게 이용하는 유용한 팁이 될 것이다.

가정간편식의 포장재, 꼼꼼히 따져보자

세상에 이런 일이!

한 리얼 프로그램에서 출연자가 식사를 하는 장면을 보게 되었다. 내가 담당한 냉동밥을 냉동고에서 꺼내서 내심 반가워하고 있었는데 이게 웬일인가? 그 제품을 그릇에 담지 않고 봉투째 전자레인지에 데워서 먹는 게 아닌가.

분명 포장재에 전자레인지에서 조리가 가능한 기능을 추가하지 않았다. 기름이 섞인 냉동 볶음밥을 포장지째로 전자레인지에 조리하다니 너무나 놀랐다. 게다가 조리법도 그릇에 담아 전자레인지에 해동해서 섭취하도록 안내를 하고 있는데 그렇지 않은 소비자를 직접 보니 이런 소비자가 더 많지 않을까 걱정이 되었다. 그 출연자는

"귀찮아서 저렇게 먹어요"라고 했지만 포장재에 대한 정보를 모르는 것이 분명했다.

가정간편식은 간편 조리로 음식을 섭취하는 형태이기 때문에 포장재 상태로 가열하는 경우가 많기는 하다. 제품 설계부터 소비자가 용기째 가열할 것이라는 것을 염두에 두고 설계를 하면 열에도 잘 견디는 재질로 포장재를 선택할 것이다. 하지만 그러한 목적이 없다면 포장재에 그러한 기능을 넣지 않는다. 왜냐하면 기능이 추가될수록 비용도 추가되기 때문이다.

그래서 소비자는 가정간편식을 가열하기 전에 포장 재질이 어떤 것인지를 꼭 확인해야 한다. 가열에 적합하지 않은 포장재를 가열할 경우 음식을 데움으로써 발생되는 열로 인해 포장재를 녹이거나 변형을 일으키기도 하고, 유해한 성분이 검출될 수 있기 때문에 반드시 주의해야 한다.

식품 포장이란 이런 의미다

포장이란 식품의 가공, 이동, 보관, 진열 등에서 식품의 상태를 보호하기 위해 금속, 고분자, 플라스틱 등의 재료를 이용하여 식품의 보존성, 작업성, 위생관리, 상품성 등을 높이는 도구다. 포장재는 겉으로 보기에는 단일 소재 같지만 여러 기능을 가지는 합성 소재를 여러 겹 붙여 만든다.

예를 들면 컵라면의 컵 용기는 종이로 되어 있지만 뜨거운 물을 붓고 전자레인지에 돌리기 위해서 물을 부어도 젖지 않고 열에도 강한 소재를 안쪽에 코팅하고 바깥 면은 디자인의 색이 잘 구현될 수 있는 재질을 입힌다. 기구 및 용기 포장 공전이 있어서 식품위생법에 따라 용도에 맞는 재질의 규격을 명시하고 이를 지키도록 하고 있다. 식품의 표시 사항에 식품에 닿는 면이 어떤 재질로 되어 있는지 반드시 표시하도록 되어 있다.

대표적인 가정간편식으로는 도시락이 있다. 편의점에서 파는 냉장 보관 도시락이나 최근 온라인 판매가 급증한 냉동 보관 도시락은 전자레인지를 이용해서 데워서 섭취하는 RTE이나 RTH 계열의 가정간편식이다. 이들을 이용하기 전에 반드시 용기의 종류와 표준 조리법을 숙지해야 한다.

포장재엔 어떤 종류가 있을까

식품에 주로 사용되는 포장재는 열을 가하면 녹아 재성형이 가능한 열가소성 플라스틱류다. 폴리에스터(Polyethylene terephthalate, PET), 폴리프로필렌(Polypropylene, PP), 폴리에틸렌(Polyethylene, PE), 폴리스티렌(Polystyrene, PS) 등이 이에 속한다. 이것들은 내열성이 높아 식품 포장재로 많이 쓰인다. 특히 폴리프로필렌과 폴리스티렌은 용기로 많이 사용되고 폴리에스터나 폴리에틸렌은 주로 비닐 형태로 사용된다.

포장째 이용해도 될까?

음료나 두부처럼 식품을 보관하는 용도로 사용하는 것은 괜찮으나, 가열을 해야 하는 경우 용기와 함께 조리를 해도 될지 염려스러울 것이다. 사실 내열성을 가진 플라스틱 포장재는 130~150℃의 온도도 견딜 수 있는 재질이지만, 전자레인지를 긴 시간 동안 조리할 경우 기름 등이 포함된 음식류는 그 종류에 따라 그 온도가 순간적으로 190℃ 이상으로 오르기도 한다.

또한 높은 점도와 염분과 당분을 가진 매운 소스류를 전자레인지에 데울 경우 전자파의 침투가 원활하지 못해 불균일하게 가열된다. 그래서 앞서 설명한 경우에 일부 포장재에서 열 변형이 관찰되기도 한다. 그렇기 때문에 전자레인지용 포장재로는 폴리프로필렌(PP)을 권장하며 짧은 시간 주기로 데우는 용도로만 사용하거나 전자레인지 전용 그릇을 사용하기를 권장한다. 빈 용기는 전자레인지에 돌리지 않는다.

특히 냉동 도시락에 종종 사용되는 스킨팩은 용기 위에 덮는 폴리에틸렌 필름을 내용물과 밀착하여 포장하는 방법이다. 포장 시 고온으로 필름만 성형하면서 순간적인 진공으로 포장을 하는 원리다. 이는 내용물과 비닐 뚜껑 사이의 공간을 없애 작은 공간으로의 수분 이탈과 산화를 막고, 내용물을 고정하는 장점이 있다. 일회용 랩이나 비닐 팩의 재질은 역시 저밀도 폴리에틸렌이다. 하지만 지방이나 당 성분이 많은 식품이 이러한 비닐과 직접 접촉된 상태에서 전자레인지로 가열할 경우 순간적으로 고온에 도달하기 때문에 재질이 변형이 될 수 있기 때문에 주의해야 한다.

상온 보관이 가능한 국탕 찌개 등은 레토르트라는 고온 고압의 멸균 공정을 겪고 보관 기간 동안에 외부와의 차단을 위해 내열성, 수증기나 기체 차단성, 충격 강도, 파열 강도 등 물리적 성질이 우수한 다층 재질로 만들어진다. 이러한 포장재 제품은 열탕으로 봉투째 가열하거나 포장재를 제거한 후 전자레인지 전용 그릇에 담아 데워서 먹어야 한다. 파우치째로 전자레인지에 데울 수 있는지 표시사항을 반드시 확인해야 한다. 가능한 경우 파우치째로 전자레인지에 데울 수 있지만 다소 위험하다. 전자레인지가 가열되는 동안 회전판에 의해 넘어질 위험이 있기 때문이다.

전자레인지 조리용 금속 재질도 있다. 전자레인지 조리로 군만두나 피자를 먹을 수 있도록 한 제품에 이러한 재질이 적용되었다. 아주 얇게 알루미늄을 장착한 포장재는 전자레인지 조리 시 전자파를 모아 부분적인 고온의 가열을 얻을 수 있고 마치 기름에 튀겨내거나 구운 식감을 구현할 수 있다. 이러한 포장재는 재사용하지 않도록 한다.

포장재 버리는 일도 꼼꼼하게

포장재 안의 음식을 먹고 나면 포장재는 버리게 된다. 대부분의 포장재는 음식물을 씻어내면 재활용할 수 있다. 분리 배출의 종류를 잘 확인하고 버려야 한다. 최근 트렌드는 환경에 도움이 되는 친환경 포장재에 대한 관심이 늘고 있다. 콜드 체인 시스템으로 새벽 배송을 하던 업체도 스티로폼이나 플라스틱 용기를 많이 사용했으나 최근에는 종이로 된 박스, 테이프, 완충제 등을 사용한다. 친환경 소재를 이용한 포장재에 대한 기술 개발은 진행되고 있으나 아직까지는 희소성이 있어 가격이 비싸다. 그럼에도 불구하고 친환경 철학을 가진 기업들이 이러한 포장재를 적용하기도 한다. 환경에 대한 철학은 기업뿐 아니라 소비자도 철저히 지녀야 할 태도임이 분명하다. 미래 후손들의 자원을 빌려 쓰고 있음을 우리는 명심해야 할 것이다.

2부

간편하게 도전하고 조리하는

가정간편식 활용법

1장

바쁜 아침 식사 챙겨 먹기

소고기야채죽
(요리하는 죽)

재료 가정간편식 냉동 죽, 물 2컵, 김가루, 참깨, 달걀 1개, 참기름 1스푼(컵은 종이컵 기준, 스푼은 어른 숟가락 기준)

요즘 아침식사로 죽이 대세다. 마트에 가면 다양한 형태의 죽을 구매할 수 있다. 그러나 죽을 만들려면 시간과 정성이 많이 필요하다. 쌀 전분의 호화로 농도가 되직해지면서 냄비가 쉽게 타므로 쉬지 않고 저어주는 과정이 필요하기 때문이다. 반면 간편식으로 나온 죽은 라면처럼 쉽게 끓일 수 있다.

레시피

1. 냄비에 물을 2컵 붓고 냉동 죽을 넣어 끓인다. 물과 죽을 같이 넣는 이유는 밥알을 퍼지게 하기 위함이다. 밥알이 씹히는 식감을 원하면 물을 먼저 끓인 후 죽을 넣는다.
2. 죽이 끓기 시작하면 저어주면서 중약불로 3분 정도 끓인다.
3. 달걀을 넣고 젓는다. 단백질을 보충하려면 달걀을 추가한다. 달걀을 깨자마자 바로 저으면 달걀이 예쁘게 풀어진다. 수란처럼 먹고 싶다면 젓지 않는다.
4. 그릇에 담고 김가루, 깨를 고명으로 올린다. 참기름 1스푼을 두른다. 깨를 뿌리면 고소한 풍미를 더하는 효과가 있다. 여기에 참기름을 두르면 금상첨화!

제품 특징

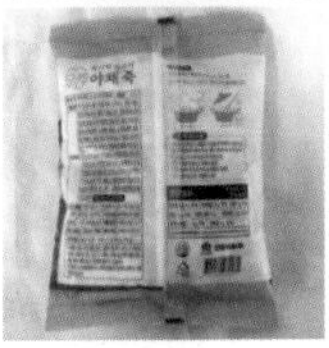

소고기, 양파, 애호박, 대파, 당근 등 원재료가 풍부하다. 간장과 콩발효 맛내기, L-글루타민산나트륨이 첨가돼 감칠맛이 살아 있다. 나트륨 함량은 32%이나 물 250ml를 넣고 조리하기 때문에 나트륨 양은 동일하지만 싱겁게 먹을 수 있다.

Tip 단백질 함량이 16%이므로 달걀을 넣어 단백질을 강화하자. 음식 모양과 색깔을 돋보이게 하고 맛을 더하기 위해 고명을 올리면 좋다. 고명은 음식을 먹는 사람에게 '당신만을 위한 요리입니다'라는 의미를 담고 있다. 김가루와 참깨를 뿌린 죽에 자신과 가족에게 "오늘 하루 잘 보내자"라고 응원을 담아 보내자.

전복죽(간단한 죽)

재료 가정간편식 죽(전복죽), 당근 등 자투리 채소 약간, 깨, 참기름

소고기야채죽보다 더 간단한 죽도 있다. 전복이 들어가 영양 만점이지만 만들기는 민망할 정도로 간단하다.

레시피

1. 당근을 잘게 다진다. 원재료에는 표고버섯과 새송이버섯만 들어 있으므로 냉장고에 있는 자투리 채소를 활용해서 넣는다. 없어도 좋다. 버섯만으로도 충분히 풍미가 산다.
2. 다진 당근을 전자레인지 전용 용기에 담아 30초간 데워 먼저 익힌다.
3. 가정간편식 죽을 당근과 함께 2분 30초간 더 데운다. 튈 수 있으니 랩이나 뚜껑을 덮어준다.
4. 골고루 섞은 후 깨와 참기름, 고명을 얹는다. 되직한 죽은 전자레인지 조리할 때 열이 한쪽에만 집중될 수 있으니 다 데우면 숟가락으로 저어준다.

제품 특징

나트륨 함량 43%로 다소 간간한 제품이다.

Tip 죽을 냄비에 데울 경우에는 달걀을 1개 추가하면 부족한 단백질을 보충할 수 있다. 봉투째 전자레인지 조리가 가능하지만 전자레인지가 회전하면서 봉투가 쓰러질 수도 있으니 가능하면 전자레인지 전용 용기에 담아 조리하는 게 좋다.

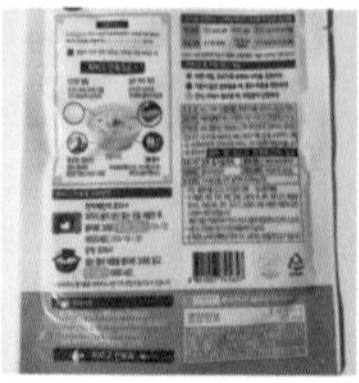

토마토 닭가슴살 수프

재료 가정간편식 마스카포네 토마토 수프, 가정간편식 닭가슴살 1/2개

바쁜 아침, 닭가슴살 토핑을 넣은 토마토 수프를 제안한다. 빵을 곁들이면 부족한 탄수화물도 보충할 수 있다. 지방은 올리브유를 1스푼 둘러서 채운다.

레시피

1. 가정간편식 수프를 뚜껑이 있는 전자레인지 전용 그릇에 담고 1분간 데운다(700W 기준 3분). 조리 시 뚜껑이 없으면 수프가 사방에 튀므로 반드시 뚜껑을 덮는다.
2. 닭가슴살을 1cm 정육면체 모양으로 자르고 전자레인지 전용 그릇에 담아 1분간 조리한다. 냉동 닭가슴살은 조리 전날 냉장고로 옮겨 서서히 녹인다. 급히 사용할 때는 미지근한 물에 봉지째 넣어 3분간 녹인 뒤 조리한다.
3. 수프에 닭가슴살을 넣고 전자레인지에 1분 더 돌린다. 수프와 닭가슴살을 각각 따로 데우는 이유는 두 가지 재료의 가열 적성이 다르기 때문이다.

제품 특징

닭가슴살 1/2개를 사용할 경우 단백질 섭취량은 16g 정도다.

Tip 빵을 곁들이면 토마토 수프의 새콤한 맛을 제대로 느낄 수 있다. 아침이라 씹는 것이 부담스러우면 닭가슴살 대신 구운 빵을 수프에 적셔 먹자. 모차렐라치즈(스트링치즈)가 있다면 3번 과정에서 같이 데운다. 더욱 고소하고 맛있는 토마토수프를 즐 길 수 있다.

닭가슴살 샐러드와 양송이수프

재료 가정간편식 샐러드 믹스, 가정간편식 닭가슴살 1/2개, 절인 옥수수 2스푼, 드레싱

아침, 저녁 대용으로 샐러드만큼 먹기 좋은 요리는 없다. 특히 저녁에 가볍게 식사하기에 더없이 좋다. 가정간편식 재료를 이용하면 손쉽게 샐러드를 만들어 먹을 수 있다. 여기에 따뜻한 수프까지 곁들이면 근사한 한 끼가 된다.

레시피

〈닭가슴살 샐러드〉

1. 가정간편식 샐러드 믹스를 뜯어서 물에 씻은 후 물기를 뺀다. 샐러드 믹스에는 다양한 채소가 먹기 좋은 크기로 잘라져 있다. 반드시 흐르는 물에 씻어 물기를 제거한 뒤 그릇에 담는다.
2. 가정간편식 닭가슴살을 데운 후 먹기 좋은 크기로 찢는다. 냉동 닭가슴살을 이용할 때는 미리 냉장고에서 해동하거나 포장지째 미지근한 물에 담가 해동한다. 포장 재질이 PE 재질이라 포장 상태로 오랜 시간 가열하면 안 된다. 포장을 뜯어서 전자레인지 용기에 담아 해동하는 게 좋다. 통닭가슴살은 두께가 두꺼워서 통째로 전자레인지에 해동하면 오래 걸리고 두께가 얇은 부분은 마를 수 있다. 이때는 자른 후 해동하면 30초~1분 이내에 빨리 해동할 수 있다.
3. 접시에 샐러드 믹스를 담고 그 위에 찢은 닭가슴살과 옥수수를 올린다.
4. 드레싱과 함께 먹는다.

〈양송이수프〉

1. 양송이수프를 전자레인지 전용 용기에 붓고 뚜껑을 덮는다.
2. 전자레인지에 1분 30초간 데우고 뚜껑을 열어 한 번 저어주고 다시 뚜껑을 덮은 후 1분 30초 조리한다. 되직한 수프의 경우 전자레인지 조리 시 골고루 열전달이 되지 않거나 매우 심하게 튈 수 있으니 조리 시간을 나눈 후 저어준 다음 그릇에 담는다.

제품 특징

드레싱은 나트륨 함량이 매우 높다. 100g당 나트륨 함량이 1일 권장량의 81%나 된다. 따라서 1회에 약 30g 정도만 그릇에 담아 '찍먹'하는 게 좋다. 크림소스나 크림수프는 생크림을 사용하기 때문에 포화지방이 많이 함유되어 있다. 양송이수프로 식사할 경우 부족한 탄수화물은 빵으로 채우고, 부족한 단백질은 닭가슴살로 채운다. 여기에 신선한 채소 샐러드까지 곁들이면 균형 잡힌 한 끼 식사로 충분하다. 포장재 내면은 폴리프로필렌(전자레인지 조리 가능)이지만 금속 재질이 섞여 있으니 전자레인지에 조리할 때는 반드시 전용 용기에 뚜껑을 덮고 할 것을 권한다.

Tip 닭가슴살이 없으면 두부, 삶은 달걀 등으로 단백질을 채워준다. 샐러드는 차가운 음식이기 때문에 따뜻한 수프나 차를 곁들이면 서로 메뉴를 보완할 수 있다. 양송이 수프 위에 올리브유나 트러플오일 등을 1티스푼 두르면 풍미가 좋아진다. 수프가 매우 되직할 경우 우유를 2스푼 정도 넣어 섞은 후 데우면 농도를 맞출 수 있다.

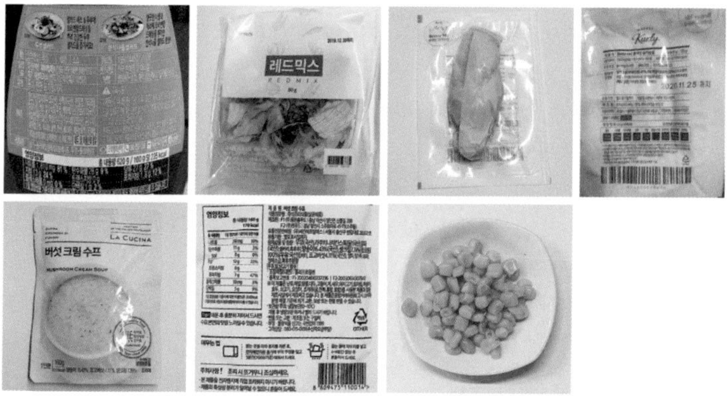

브리토

재료 가정간편식 브리토, 가정간편식 채소 샐러드, 씻어 나온 사과 1개, 커피 또는 우유

바쁜 아침에 따뜻하게 데운 브리토와 채소 샐러드, 사과와 우유 한 잔이면 하루를 든든하게 시작할 수 있다.

레시피

1. 가정간편식 브리토 포장을 벗기고 에어프라이어 180℃에서 13분간 조리한다. 전자레인지에 데우면 빠르지만 에어프라이어에 데우면 토르티야 표면이 바삭해져 색다른 식감을 즐길 수 있다. 조리가 되는 13분 동안 출근 준비를 하면 된다. 피자 맛 브리토에는 토마토소스, 채소, 햄 등 다양한 재료가 들어 있어 남편들이나 아이들에게 특히 인기 있다.
2. 곁들일 채소 샐러드를 볼이나 용기에 담는다. 채소 샐러드와 함께 먹으면 샐러드 피자를 먹는 기분이 든다.
3. 사과를 1/4쪽 잘라 껍질을 벗겨, 또는 껍질째 먹는다. 씻어 나온 사과이지만 먹기 전에 흐르는 물에 한 번 씻는다. 남은 사과는 밀폐 용기에 담아 냉장고에 보관한다.
4. 커피 또는 우유를 곁들인다.

Tip 간편식 샐러드라도 꼭 물에 한 번 세척해서 먹는다. 전날 미리 세척해서 물기를 빼놓고 냉장고에 보관할 것을 권장한다.

스무디

재료 아보카도(냉동 또는 생), 두부 1/3모, 바나나 1개, 케일, 사과 1/2개, 물 1컵

한때 다이어트를 하겠다고 결심하고 냉동 과일 스무디로 아침 식사를 대신한 적이 있다. 생각보다는 포만감이 너무 적어서 공복을 견디기 힘들었던 기억이 있다. 요즘엔 건강을 위해 무리한 다이어트는 안 하는 편이다. 다만 바쁜 아침이나 가볍게 먹고 싶은 저녁 식사 대용으로 스무디를 마신다. 필수영양소를 포함하는 재료 중에 포만감을 주는 아보카도, 두부, 바나나 등을 넣고 갈아서 스무디를 만들면 포만감이 커서 든든한 식사 대용으로 좋다.

레시피

1. 분량의 재료를 믹서기에 넣고 갈아 마신다. 농도에 따라 물을 1컵 또는 그 이상으로 넣어도 된다.

제품 특징

딱딱한 아보카도는 며칠간 후숙한 뒤에 먹어야 하고 말랑해진 아보카도는 보관 기간이 짧으므로 냉동 아보카도를 이용하는 것이 좋다. 냉동 아보카도는 보관도 쉽고 원할 때 바로바로 먹을 수 있어 활용도가 높다. 특히 여름에 스무디로 만들어 시원하게 마시기에 제격이다.

Tip 담백한 맛을 좋아한다면 아보카도와 재료만 갈아서 먹고, 단맛을 원하면 설탕이나 꿀, 시럽 등을 1~2티스푼 넣고 갈아준다. 차가운 음료가 싫다면 생 아보카도를 넣거나 냉동 아보카도 사용할 때 끓는 물을 나눠 넣어 갈아주면 적당한 온도의 스무디를 만들 수 있다.

밥상의 중심 한식 국 1 : 된장국

재료 가정간편식 된장국, 적당한 크기로 썬 두부 1/2모, 어슷하게 썬 대파 1/2컵, 네모나게 썬 양파 1/2컵, 홍고추 약간

된장국은 대표적인 한식의 국이다. 된장국를 만들려면 된장, 대파, 애호박, 양파, 두부, 버섯, 마늘 등이 필요하다. 재료가 없는데 먹고 싶을 때, 집에서 고기를 먹을 때, 캠핑장에서 바비큐를 할 때 가정간편식 된장국을 이용하면 편하다.

레시피

1. 냄비에 가정간편식 된장국을 붓고 두부를 넣어 끓인다. 이번에 사용한 제품은 우렁 된장국이다. 우렁처럼 구하기 어렵거나 손질하기 어려운 재료는 가정간편식으로 구입하면 편하다. 집에서 끓인 것 같은 느낌을 주려면 두부와 양파를 큼지막하게 썰어 넣어준다. 국의 간을 낮추는 효과도 덤으로 얻을 수 있다.
2. 팔팔 끓으면 고명으로 채 썬 대파와 홍고추를 얹는 것도 잊지 말자!

제품 특징

나트륨 함량이 93%나 된다. 500g을 다 섭취하면 하루 권장 나트륨을 다 먹는 셈이다. 1인분 기준으로 250g 정도를 한 끼에 먹는 것으로 하고 두부를 더 넣어 부족한 단백질을 채워준다. 해물맛을 잘 내려고 우렁, 멸치 엑기스, 보리새우, 해물맛 베이스 등의 원료를 넣었다. 해물향이 진하게 느껴지는 제품이다.

Tip 대파는 단으로 사야 하므로 양이 많다. 어슷하게 썰어 밀폐 용기나 비닐에 담아 냉동 보관해 두면 필요할 때마다 요긴하게 사용할 수 있다. 진공하듯 공기를 빼고 얼려야 냉동 보관하면서 얼음 결정이 생기는 것을 줄일 수 있다. 고춧가루나 청양고추를 넣으면 칼칼한 맛을 즐길 수 있다.

밥상의 중심 한식 국 2 : 김치찌개

재료 가정간편식 김치찌개, 두부 1/2모, 가정간편식 닭가슴살 1/2개, 참기름 2스푼, 어슷하게 썬 대파 한 줌

전날 회식하고 들어와서 다음 날 해장하고 싶을 때, 깔끔하게 개운한 김치찌개로 해장하면 최고다.

레시피

1. 가정간편식 김치찌개를 용기째 미지근한 물에 3분간 담가 표면이 녹으면 분리한다.
2. 김치찌개 블록을 냄비에 담고 뚜껑을 닫아 약불로 약 8분 이상 녹인다. 반드시 뚜껑을 닫고 약불에 녹여야 찌개 블록이 타지 않고 천천히 녹는다.
3. 국이 녹는 동안 두부 1/2모를 2cm 크기의 정육면체로 썰고, 닭가슴살도 1~2cm의 정육면체로 자른다. 담백하게 먹고 싶어 냉동 닭가슴살을 사용했다. 닭가슴살이 없을 때는 참치, 삼겹살, 햄, 통조림 햄, 꽁치, 고등어 등 원하는 단백질을 사용하면 된다.
4. 찌개가 녹으면 중불로 켜고 한소끔 끓이고, 푸르륵 끓어오르면 참기름과 대파를 넣고 2분 정도 더 끓인다. 참치, 삼겹살, 통조림 햄을 사용할 경우 참기름은 생략한다.

제품 특징

나트륨 함량이 19%여서 담백한 맛을 좋아하는 사람에게 좋다. 싱거우면 국간장을 넣자.

Tip 얼큰하게 먹고 싶으면 고춧가루나 청양고추를 넣는다. 제대로 해장하고 싶은 경우 콩나물을 넣으면 시원한 맛을 즐길 수 있다. 콩나물은 국이 끓기 전에 넣고 뚜껑을 덮어 콩나물 숨을 죽인다. 선택한 가정간편식 김치찌개에 따라 맛이 다르니 국물의 맛을 보고 물 양과 간을 조절해야 한다.

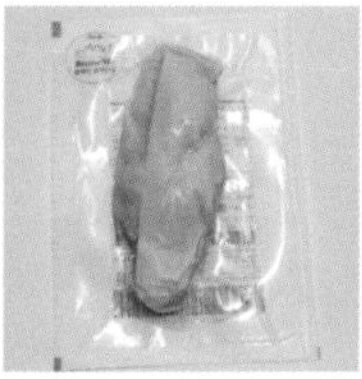

밥상의 중심 한식 국 3
: 육개장

재료 가정간편식 육개장, 느타리버섯 1컵, 대파 1컵

손이 많이 가는 한식의 대표적인 국이다. 얼큰해서 남편이 좋아하는 국인데 끓이기가 어려운 게 단점이다. 이럴 때 가정간편식 육개장을 이용해보자.

레시피

1. 가정간편식 육개장 포장을 뜯어 냄비에 넣고 중불에 끓인다.
2. 버섯과 대파를 넣고 한소끔 끓여낸다. 국을 먹을 때 나는 건더기를 좋아하고 남편은 국물을 좋아한다. 그래서 손가락 길이로 썰어 냉동해둔 대파와 버섯을 조금 더 넣고 끓였다. 가정간편식 국은 높은 온도에 끓여서 깊은 맛을 내지만 채소는 좀 물러지는 단점이 있다. 기존 제품에도 대파나 버섯이 들어 있지만 식감을 즐기기 위해 추가로 더 넣었다.

제품 특징

육개장에 일반적으로 들어가는 재료들로 구성되어 있다. 전자레인지 전용 용기를 이용하여 조리하라고 되어 있으므로 봉지째 조리하지 않도록 주의한다. 단백질 함량은 적당하나 나트륨 함유량이 44%로 높은 편이므로 버섯이나 대파를 추가하여 1회 섭취량을 줄이고 풍미도 더해서 먹을 것을 권한다.

Tip 가정간편식을 이용할 때는 데우기 전 국물 맛을 보자. 자신이 원하는 맛이면 그냥 데우기만 하면 된다. 만약 간이 세다면 물을 더 넣고, 달다면 간장을 더 넣는다. 건더기가 부족하다면 냉장고에 있는 채소를 더 넣어 원하는 취향대로 조절해서 끓인다.

밥상의 중심 한식 국 4
: 미역국

재료 가정간편식 미역국, 밥

내가 가장 좋아하는 국이다. 아이 낳고 실컷 먹었는데도 질리지 않을 정도로 좋다. 아이도 좋아해서 자주 끓여먹는데 급하게 국이 필요할 때 가정간편식을 이용하기도 한다. 아이가 본인이 끓인 미역국은 잘 안 먹으면서 이 제품만 끓여주면 한 그릇 뚝딱 비운다며 억울하다는 어떤 엄마의 글을 인터넷에서 본 기억이 있다. 그때는 고민 말고 미역국은 아이가 좋아하는 가정간편식에게 맡기고, 엄마는 정성을 담은 밥상을 차려서 즐기면 된다.

레시피

1. 가정간편식 미역국을 냄비에 담고 끓인다.
2. 국그릇에 담는다.

제품 특징

수비드[Sous-vide, 재료를 비닐에 담아 밀폐시킨 다음 저온(약 50~60℃)의 미지근한 물속에서 오랫동안 익히는 조리 방법] 방식으로 소고기를 익혀서 고기가 부드럽다. 1인분 치고는 나트륨 함량이 높은 편이다. 간간하게 먹고 싶은 사람은 그대로 먹고, 싱겁게 먹고 싶은 사람은 물을 1/2컵 붓고 끓인다.

Tip 요리 못하는 분들에게 희소식! 생일마다 미역국 끓여준 엄마 또는 아내에게 미역국 끓여주는 것이 이제는 매우 쉬워졌다. 요리는 못하지만 고마운 마음을 가정간편식 미역국으로 표현해보자!

2장

우리 아이 간식 준비하기

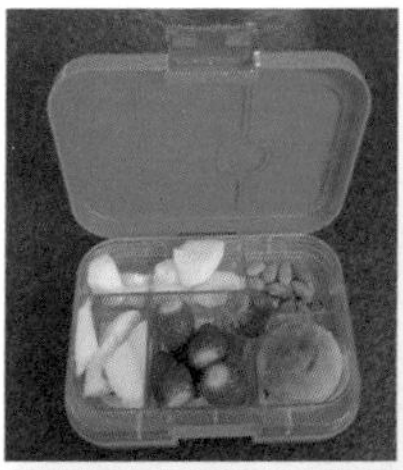
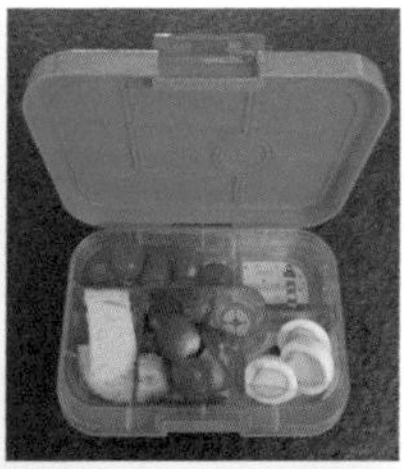
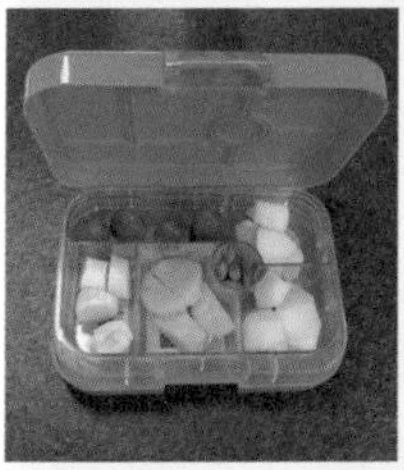
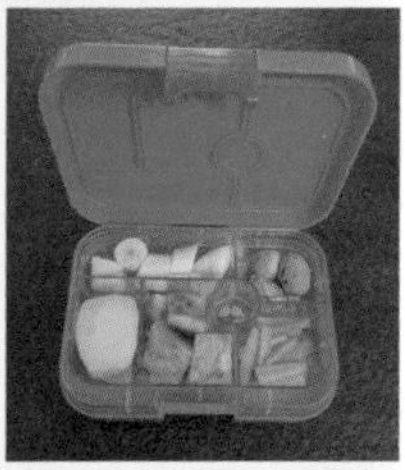
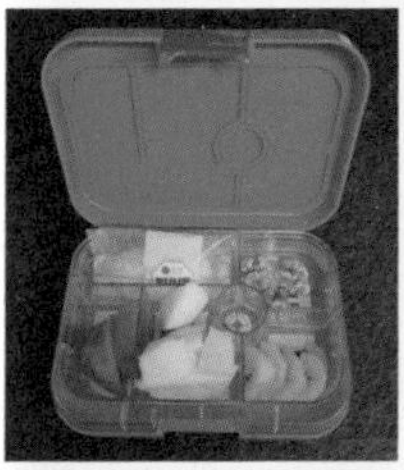
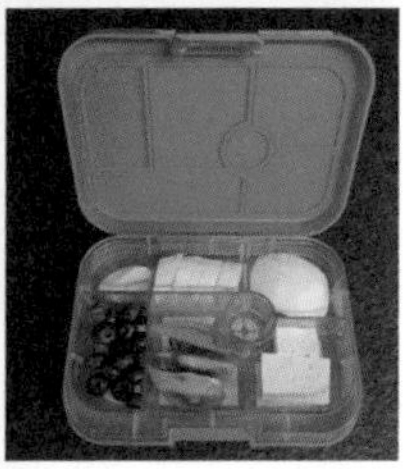
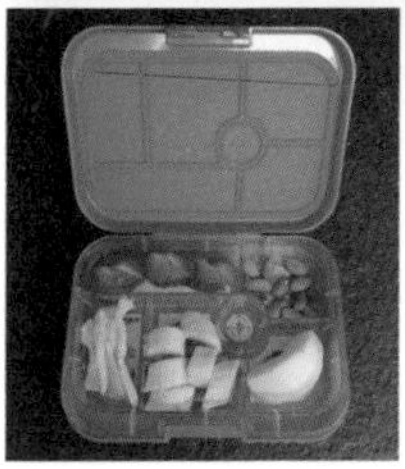

등원길 모닝박스

재료

탄수화물 : 모닝빵이나 식빵, 삶은 고구마(말랭이), 삶은 밤(즉석 밤), 떡 등

빵이나 떡은 사오면 밀폐 용기에 넣어 바로 냉동실에 보관한다. 빵은 상온에 보관하면 자칫 곰팡이가 생길 수 있고 떡은 냉동했다가 해동하면 얼리기 직전의 품질 그대로 먹을 수 있다. 출근 준비를 하면서 빵은 토스터기로 5분 이내, 떡은 전자레인지에서 10초 이내로 해동한다(크기에 따라 조리 시간을 확인한다). 모닝빵이나 식빵에 약간의 크림치즈나 수제 잼을 발라준다. 단 그날 준비한 간식용 과일이 다소 달콤하다면 잼은 생략한다. 삶은 고구마나 밤은 미리 준비해놓는다. 준비가 힘들다면 상온 보관이 가능한 가공된 말랭이나 밤을 준비해도 좋다.

과일 또는 채소 : 딸기, 귤, 바나나, 블루베리, 사과, 포도, 잼, 방울토마토 등 제철 과일을 이용한다. 미리 깨끗하게 씻어서 물기를 빼놓고 밀폐 용기에 담아두면 일주일은 먹을 수 있다. 너무 달콤한 과일이 자주 나올 경우 방울토마토를 넣는다.

유제품 : 요거트, 치즈, 스트링치즈 등

견과류 : 아몬드, 호두, 마카다미아 등

기타 가공 간식 : 젤리, 사탕, 과자, 주스 등

한 번 먹을 때 다 먹게 하지 말고 개수를 제한해서 준다. "엄마는 재인이가 젤리 3개만 먹으면 좋겠어. 많이 먹으면 배가 아플 수 있어서 엄마는 걱정돼. 나머지는 내일 먹자"라고 말하고 꼭 약속을 지키게 하는 방법도 있다.

출근 준비로 바쁜 아침 시간, 아이를 깨우고 씻기고 옷 입혀서 먹이려면 전쟁이 따로 없다. 이를 위해 어린이집이나 유치원에 데려다주는 차 안에서 간단히 먹을 수 있는 모닝박스를 만들어보자. 거창한 메뉴도 아니다. 빵, 과일, 아몬드 등 간단한 간식거리를 채우면 된다. 이런 재료만으로도 아이들에게 가공된 음식의 맛보다는 올바른 입맛을 갖게 할 수 있다. 이동하는 차 안에서 오늘은 어떤 간식을 넣었는지 맞혀보는 놀이를 하면 등원길이 훨씬 수월해진다.

과일잼

재료 제철 과일 3컵, 자일로스 2/3컵, 식초 또는 레몬즙 1티스푼, 빈 병, 소주 등 알코올

빵을 즐겨먹는 아이에게 잼을 발라줄 때 문득 '빵도 탄수화물이고 잼도 당인데, 당 성분이 아이에게는 과할 수 있겠구나'라는 생각이 들 때가 있다. 그래서 고민 끝에 몸에 흡수가 덜 된다는 자일로스와 과일을 끓여서 잼을 만들었다.

레시피

1. 딸기가 제철일 때 대량으로 사서 잼을 만들면 좋다. 일부는 얼려두면 여름에 제격!
2. 딸기 3컵과 자일로스 설탕 2/3컵을 냄비에 담는다. 너무 단것이 싫으면 설탕은 1/3만 넣는다(냉장 보관 필수). 냄비는 재료를 넣고도 1/3 정도가 남을 크기가 좋다.
3. 중불로 한소끔 끓인 후 약불로 은근하게 30분 정도 졸여준다. 가열하면 과일에서 즙이 나와 한창 끓다가 서서히 졸아들면서 되직해진다. 수저로 조금 떠서 찬물에 한 두 방울 떨어뜨렸을 때 잼 시럽이 뭉쳐 있으면 잘 만들어진 것이다.
4. 잼을 담을 빈 병을 소주로 헹구고 키친타월로 닦아준다. 빈 병을 끓는 물에 소독하는 방법이 너무 번거롭고 위험해 소주를 써봤는데 아주 좋았다. 단 알코올은 남김없이 닦아준다.
5. 빈 병에 잼을 가득 담고 뚜껑을 덮어 거꾸로 세워둔다. 거꾸로 세워두면 안에 남은 기체가 유리병 위로 올라오는 걸 볼 수 있다. 이때 잼이 식으면서 안의 압력이 높아진다. 높아진 압력은 잼 뚜껑을 열 때 나는 뻑! 소리로 확인할 수 있다.
6. 빠르게 식히기 위해 찬물에 병째 담근 후 냉장고에 보관한다.

Tip 우유에 딸기잼 1티스푼을 넣고 섞으면 '리얼 딸기 우유'를 맛볼 수 있다. 요거트에 잼을 1스푼 넣으면 딸기 요거트가 되고, 이것을 얼리면 딸기 요거트 아이스크림이 된다.

떡볶이

재료 가정간편식 떡볶이, 어슷하게 썬 대파 한 줌, 냉동 만두

어릴 때 간식으로 떡볶이를 자주 먹었다. 어른이 된 지금도 종종 먹는다. 아이와 함께 먹을 수 있는 국민 간식 떡볶이를 간편하게 집에서 즐기자.

레시피

1. 가정간편식 떡볶이 재료를 해동한다. 시판 떡볶이 제품 중 떡과 소스뿐 아니라 어묵이 함께 들어 있는 제품을 고르는 게 좋다.
2. 떡은 냉동되면서 서로 붙으므로 빨리 잘 익히려면 물에 넣어 녹이면서 한 가닥씩 떼어준다. 어묵도 물에 담가 해동한 후 먹기 좋은 크기로 자른다.
3. 떡볶이와 함께 냉동 만두를 곁들이면 좋다. 에어프라이어 180℃에서 10분간 조리하면 열풍이 닿는 부분만 바삭해지고 반대 면은 비교적 촉촉한 식감을 유지한다. 만두 겉면에 식용유나 올리브오일을 바르면 바삭한 식감을 낼 수 있다.
4. 냄비에 물 1과 1/2컵을 붓고 빨간 소스와 검정 소스 2/3를 붓고 끓인다.
5. 떡과 어묵을 끓인 소스에 넣고 냄비 바닥에 떡이 붙지 않도록 저어가며 끓인다.
6. 대파를 넣고 한소끔 끓으면 접시에 담는다. 슬라이스 대파를 사용해도 되지만 대파 특유의 식감을 즐기고 싶다면 길게 썰어 넣은 다음 만두와 함께 맛있게 먹는다.

Tip 양배추, 깻잎 등의 채소가 있으면 떡볶이를 더욱 맛있게 만들 수 있다. 어묵이 없는 가정간편식 떡볶이도 있다. 어묵은 따로 사서 먹기 좋은 크기로 잘라 냉동해놨다가 필요할 때 사용하면 좋다.

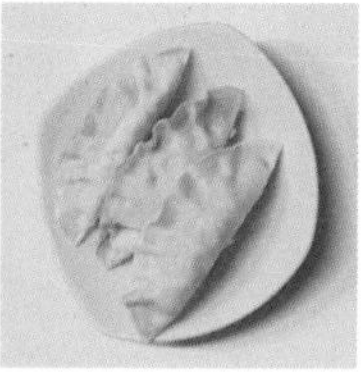

아이와 함께 만들기 1
: 꼬마김밥

재료 김밥용 김, 밥, 깨소금, 참기름 2스푼, 김밥용 단무지와 우엉, 참치통조림, 가정간편식 멸치볶음 2스푼, 크림치즈 1스푼, 김발, 달걀 2개, 식용유 1스푼, 소금 약간

소풍가는 날, 엄마가 싸주었던 김밥은 언제나 꿀맛이었다. 요즘엔 김밥집이 흔하지만, 김밥용 단무지와 우엉만 구입하고 집에 있는 반찬을 이용하면 김밥 만들기가 참 쉽다. 특히 아이와 함께 만들면, 아이가 안 먹는 반찬 먹이기 100% 성공!

레시피

1. 밥을 고슬고슬하게 짓거나 즉석밥을 데운다. 밥 2주걱에 참기름 1스푼, 깨소금 2티스푼을 넣고 섞는다. 어른용일 경우 양조간장 1스푼도 함께 넣어서 간을 맞춘다.
2. 김밥용 단무지와 우엉을 물에 한 번 담가서 씻어내고 물기를 뺀 후 반으로 자른다.
3. 아이가 만들 김은 1/4 크기로 자르고 어른용은 반만 자른다.
4. 참치 캔의 기름을 쪽 빼고 그릇에 담는다.
5. 가정간편식 멸치볶음과 크림치즈를 섞는다. 크림치즈가 없어도 무방하다.
6. 달걀 2개를 깨서 약간의 소금과 함께 푼 뒤 달걀말이를 한다. 달걀말이가 어렵다면 스크램블드에그를 만들어도 좋다. 단무지 길이와 두께만큼 잘라준다.
7. 김발 위에 김을 올려놓고, 김의 2/3 부분까지 밥을 얇게 펴 바른다. 우엉, 단무지, 달걀을 밥의 4cm 되는 부분에 놓고 그 옆에 참치, 멸치볶음을 얹는다.
8. 김과 김발을 같이 잡아 재료를 넣은 부분부터 주물주물 꾹꾹 눌러 말아준 다음 김밥 표면에 참기름을 바르고 칼로 1cm 두께로 자른다.

Tip 김밥은 밥에 재료만 넣고 잘 말면 된다. 손수 만 김밥은 아이에게 각별한 추억의 음식으로 남을 수 있다. 같이 김밥을 만들 때는 아이가 잘 알아듣도록 상세하고 충분한 설명을 해주어야 한다.

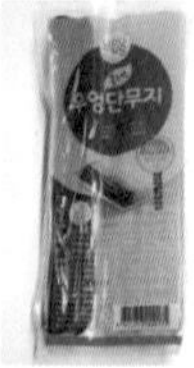

아이와 함께 만들기 2
: 식빵 피자

재료 식빵, 각종 채소(양파, 빨간 파프리카, 노란 파프리카 등), 식용유, 올리브, 피자치즈, 가정간편식 토마토소스

아이에게 요리 놀이로 자주 해주는 메뉴로, 친구가 놀러오면 같이 만들어 먹기도 한다. 이렇게 같이 만들면 평소에는 잘 안 먹던 채소도 맛있게 먹는다.

레시피

1. 채소는 각 1/4 정도의 양을 사용해 아이가 잘 집을 수 있는 크기로 네모나게 자르고 올리브는 슬라이스로 썬다. 양파, 빨간 파프리카, 노란 파프리카를 이용하면 알록달록해서 아이들이 좋아한다. 브로콜리나 버섯 등을 이용해도 좋다.
2. 자른 채소를 프라이팬에 살짝 볶아 따로 나눠 담아 식힌다. 채소를 볶지 않으면 치즈를 녹일 때 채소에서 물이 나와 빵이 눅눅해진다. 시판 토마토소스를 사용하는 경우에는 채소를 볶을 때 소금 간은 생략하고 후추만 넣어 볶는다. 색 채소는 볶을 때 물이 나와 다른 채소를 물들이기 때문에 양파 → 노란 파프리카 → 빨간 파프리카 순으로 볶아준다.
3. 가정간편식 토마토소스와 피자치즈를 그릇에 담는다.
4. 아이와 하얀 식빵에 토마토소스를 바르면서 색 채우기 놀이를 한다.
5. 아이에게 직접 채소를 골고루 겹치지 않게 식빵 위에 올리게 한다.
6. 채소 친구들에게 이불 덮어주기 놀이를 한다고 유도하면서 피자치즈를 위에 얹도록 하면 아이가 재미있어 한다.
7. 180℃로 예열된 오븐에서 5분 정도 피자치즈를 녹인다.

Tip 아이들은 소근육이 발달되는 과정 중에 있다. 채소와 치즈를 올리면서 여기저기 흘릴 텐데 이때 필요한 것은 바로 엄마의 인내심이다. 또한 아이들과 함께하는 활동이므로 안전에 유의한다.

아이와 함께 만들기 3
: 채소 큐브 샐러드

재료 노란 파프리카 1/2컵, 빨간 파프리카 1/2컵, 냉동 완두콩 1/2컵, 블랙 올리브 1/3컵, 양파 2/3컵, 절인 옥수수 1/2컵, 소금 0.5g, 자일로스 3티스푼, 후추 약간, 라임즙(또는 식초) 3스푼, 식용유 2스푼

채소 안 먹는 아이들에게 새콤달콤한 채소 큐브 샐러드를 만들어주자. 식빵 칼을 이용해서 아이가 직접 자르면서 같이 만들면 요리 촉감 놀이가 된다. 알록달록 무지개 색깔의 다양한 채소 샐러드를 만들어두면 아이들이 좋아하는 채소 모둠이 된다.

레시피

1. 노란 파프리카, 빨간 파프리카, 양파는 씻어서 5mm 크기로 네모나게 썰고 블랙 올리브는 3mm 굵기로 슬라이스한다. 아이가 어리다면 더 작게, 크다면 좀 더 크게 잘라도 된다.
2. 냉동 완두콩을 씻고 끓는 물에 3분간 데친다. 냉동 완두콩은 콩을 그대로 얼렸기 때문에 씻어서 한 번 데쳐야 한다. 냉동 완두콩이 없는 경우 생략해도 된다. 통조림 완두콩의 경우 초록 빛깔을 유지하기 위해 타르 계열의 합성착색료가 들어가므로 권장하지 않는다.
3. 절인 옥수수는 물에 한 번 헹군다. 옥수수 역시 국내산 옥수수 절임을 쓰는 게 좋다. 병조림 옥수수에는 기본적인 간이 되어 있으므로 생수나 정수에 한 번 헹궈 사용한다. 아이 반찬이라 국내산 절임 옥수수를 사용했다. 제철 옥수수를 사용해도 좋다. 다만 찰옥수수를 사용할 경우 냉장 보관하는 동안 옥수수가 딱딱해질 수 있으니 유의할 것.
4. 양파, 노란 파프리카, 빨간 파프리카, 완두콩에 소금과 자일로스를 넣고 버무린다. 단맛은 자일로스로 낸다. 자작나무에서 유래된 자일로스는 단맛은 그대로이나 흡수를 줄여주는 기능성 설탕으로, 아이 간식을 만들 때 사용하면 좋다. 5~10분 뒤 채소가 절여지면서 물이 나오면 따라 버린다.
5. 4에 옥수수와 올리브를 넣는다. 옥수수와 올리브는 기본적으로 절여진 상태이므로 나중에 넣는다.

6. 라임즙 또는 식초, 식용유나 올리브오일을 넣고 버무린다. 라임즙이 없을 때는 식초를 2스푼 넣는다.
7. 보관할 반찬 그릇이나 병을 끓는 물에 소독하거나 소주로 닦는다. 2주 정도 보관하여 먹을 통은 먹다 남은 소주나 청주 등으로 병 안쪽과 뚜껑을 헹구고 타월로 닦아서 사용하기도 한다.
8. 양파의 알싸한 맛이 느껴지니 하루쯤 냉장고에서 숙성한 후 먹는다.

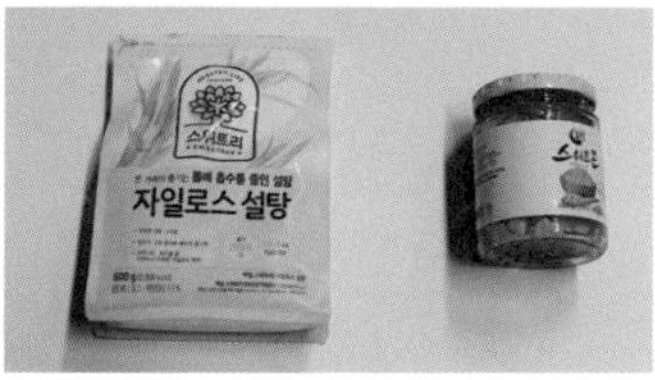

3장

한 그릇 뚝딱 간편식 요리

제육불고기 덮밥

재료 즉석밥 또는 냉동해둔 밥, 가정간편식 제육불고기, 양파 1/4개, 식용유 2스푼, 고명용 김가루 또는 깻잎

매콤한 돼지불고기 한 가지면 다른 반찬이 필요 없다. 그릇에 써진 문구처럼 '나를 행복하게 하는 한 끼 식사'로 충분하다.

레시피

1. 냉동 상태의 가정간편식 제육불고기를 봉지째 미지근한 물에 담가서 해동한다. 양념된 생고기는 해동을 제대로 해야 익힐 때 타지 않는다.
2. 냄비에 식용유를 두르고 해동된 고기를 중불에 볶는다. 고기에서 기름이 나오기 때문에 식용유는 고기가 누르지 않을 정도로만 조금 넣는다. 깊이가 있는 냄비를 사용하면 기름이 사방으로 튀는 것을 줄일 수 있다.
3. 고기가 2/3 정도 익으면 양파를 1cm 두께로 반달썰기해서 넣고 볶는다.
4. 즉석밥 또는 냉동해둔 밥을 전자레인지에 2분 이상 데운다. 밥을 해서 전자레인지 전용 용기에 1인분씩 담아 냉동해두면, 끼니 때마다 금세 한 밥처럼 따끈따끈하게 먹을 수 있다. 해동할 때는 반드시 뚜껑을 덮은 채로 해야 한다.
5. 그릇에 밥과 고기를 올린 다음 김가루나 얇게 채 썬 깻잎을 고명으로 얹는다.

제품 특징

붉지 않은 불고기 색에 당황하지 말 것! 붉다는 것은 양념이 과하거나 색소라는 뜻!

Tip 대파가 있다면 2~3mm 슬라이스로 썰어서 고기를 볶기 전에 냄비에 식용유를 2스푼 두르고 가열하다가 대파를 한 줌 넣고 볶아준다. 센 불에 볶으면 불향이 나서 풍미가 좋다. 좀 더 든든하게 먹고 싶을 경우 제육불고기 위에 달걀프라이를 만들어 얹자. 제육불고기를 덮밥으로 하지 않고 메인 반찬으로 쌈 채소와 함께 즐겨도 좋다.

채소카레 덮밥

재료 가정간편식 카레, 빨간 파프리카 1/2컵, 노란 파프리카 1/2컵, 브로콜리 1컵, 두부 1컵, 소금 한 꼬집, 후추 한 꼬집, 오일 2티스푼, 즉석밥 또는 냉동한 밥

각종 채소와 고기를 카레에 넣고 끓이는 것이 아니라 구운 채소와 두부를 이용하여 가벼우면서도 든든한 비건 스타일의 카레덮밥이다. 구운 채소가 아삭 씹히는 맛이 좋아 김치나 다른 반찬이 없어도 맛있게 즐길 수 있다.

레시피

1. 흐르는 물에 씻은 채소와 두부를 먹기 좋은 크기(1cm)로 깍둑썰기한다.
2. 썬 채소, 오일, 소금, 후추를 비닐봉지에 넣고 섞는다. 비닐에 넣으면 그릇보다 편리하고, 오일을 넣으면 조리할 경우 채소 표면이 마르는 것을 방지할 수 있다.
3. 에어프라이어를 160℃로 맞춰 5분 가열한다. 오래 익히면 흐물해지니 아삭한 식감을 위해 짧게 조리한다. 에어프라이어가 없으면 프라이팬에 볶아도 된다.
4. 두부는 전자레인지 용기에 넣어 뚜껑을 덮고 30초간 데운 후 카레 소스와 합친다.
5. 두부와 카레를 뚜껑 있는 용기에 넣고 전자레인지에 2분~2분 30초간 데운다.
6. 즉석밥은 2분, 냉동한 밥은 3분간 데운다.
7. 데운 밥을 접시에 넓게 펼쳐 담고 카레와 구운 야채를 위에 올린다.

볶음밥

재료 가정간편식 볶음밥, 귀리곤약밥, 달걀, 대파 1/2컵, 오일 2티스푼

대표적인 가정간편식이다. 밥할 필요도 없고 채소나 고기가 없어도 이 제품 하나만 있으면 한 끼 뚝딱이다. 하지만 나트륨 함량이 높아 오히려 영양 불균형이 우려된다는 기사가 있을 정도로 간이 세다. 나트륨 걱정 없이 먹을 수 있는 볶음밥 레시피를 소개한다.

레시피

1. 달걀을 풀어서 지단을 부친다. 나트륨을 생각해 소금은 생략한다.
2. 가정간편식 냉동 볶음밥을 프라이팬에 볶는다. 기본적으로 볶음밥류는 제조 과정에서 소스와 오일이 충분히 들어가므로 추가 오일은 넣지 않는다. 코팅 팬이 아닌 경우에만 조금 두른다. 냉동 볶음밥은 가열 조리하면 수분이 5% 정도 날아가 볶음밥의 양이 적어질 수 있다. 나트륨 함량을 낮추고 양도 늘리려면 곤약이나 귀리를 추가하면 좋다. 시판 제품 가운데 귀리곤약을 추가한 즉석밥이 나와 있다. 귀리곤약밥 3스푼을 넣고 섞으며 볶는다.
3. 아삭한 식감을 주려면 대파 1/2컵을 넣어 함께 볶는다. 다른 채소도 사용 가능하지만 너무 많으면 볶음밥이 질척거릴 수 있으니 채소는 모두 합쳐 1/2컵 정도만 넣는다.
4. 국그릇에 볶음밥을 담아 모양을 내서 접시에 담고, 미리 만든 지단을 밥 위에 얹는다.

Tip 쌀 대용품으로 사용할 수 있는 재료로 퀴노아, 다진 컬리플라워, 다진 브로콜리, 곤약쌀, 보리, 다진 양배추, 귀리, 다진 고구마 등을 추천한다. 볶음밥을 먹고 나서 토마토나 바나나 등의 과일을 후식으로 먹으면 입안에 남아 있던 조미료 맛도 정리되고 나트륨 흡수도 줄여준다.

곤드레나물밥

재료 가정간편식 냉동 나물밥, 동봉된 양념장과 들기름

나물밥을 집에서 해먹기란 쉽지 않다. 나물을 손질해서 밥을 하기 번거로운 까닭이다. 잎채소를 데쳐 먹으면 생야채의 독소를 제거하고 부드럽게 먹을 수 있다. 곤드레나물은 한 끼 대용으로 좋아 사람들이 많이 찾는 가정간편식이다.

레시피

1. 냉동 나물밥을 전자레인지 전용 그릇에 담아 뚜껑이나 비닐을 씌우고 전자레인지 700W 기준으로 3분 30초 데운다. 냉동 나물밥은 상온 즉석밥에 비해 비교적 신선한 나물 상태로 먹을 수 있다. 밥을 데울 때는 뚜껑을 덮어 촉촉함을 유지한다.
2. 같이 동봉된 양념장을 넣고 비빈다. 한 끼 밥 양에 맞춘 분량이지만 다 넣으면 짤 수도 있다. 이처럼 소스가 따로 담긴 제품은 한꺼번에 털어넣지 말고 입맛에 맞게 간을 조절하는 게 좋다.
3. 먹기 직전 동봉된 들기름을 넣고 비벼 먹는다. 들기름 향을 한껏 맡으면 침샘에 침이 고인다. 잊지 말고 넣자!

제품 특징

부족한 단백질은 달걀 프라이로 채우고 부족한 지방은 들기름으로 보충하면 된다.

Tip 제품에 따라 나물의 종류와 함량이 다르니 확인하고 구매하자. 가정간편식의 밥 종류는 밥 함량이 아닌 밥물을 제외한 쌀 함량으로 표기되어 있다. 실제 함량보다 더 많이 표기되어 있을 수 있다는 점을 알아둔다. 나물밥은 어린아이들에게 나물에 맛을 들일 수 있는 기회가 될 수 있으므로 강력히 추천한다.

나물 비빔밥

재료 가정간편식 건조 나물 키트, 쌀 2컵, 달걀 1개, 양념장(오리엔탈 드레싱 3스푼, 고춧가루 1티스푼, 간장 2티스푼, 참기름 1티스푼)

밥을 지을 때 말린 곤드레나물, 무채, 당근채, 표고버섯이 들어 있는 키트 제품을 같이 넣어 지으면 손쉽게 나물밥을 만들 수 있다. 냉동 제품에 비해서는 과정이 복잡하지만 나물이 풍성하게 들어간 나물밥을 제대로 즐길 수 있다.

레시피

1. 쌀을 2~3회 씻은 다음 가정간편식 건조 나물을 물에 씻는다. 채소를 단순 건조한 제품이므로 흐르는 물에 씻는 게 위생상 좋다.
2. 씻은 쌀의 밥물을 맞춘다. 건조 나물은 물이 나오지 않으니 평소 밥물에 맞추면 되고, 콩나물이나 버섯 같은 생채소를 사용할 경우에는 평소보다 밥물을 조금 덜 잡는다.
3. 씻은 건조 나물을 씻은 쌀 위에 올린 다음 전기밥솥에서 30분 정도 취사한다.
4. 프라이팬에 식용유를 두르고 달걀 프라이를 한다. 달걀로 부족한 단백질을 채워주면 좋다.
5. 양념장을 만든다. 오리엔탈 드레싱으로 양념장을 만들면 별미다. 비빔밥 양념장은 갖은 양념이 필요하기 때문에 생각보다 만들기가 까다롭다. 이때 오리엔탈 드레싱에 고춧가루와 참기름만 첨가하면 그럴싸한 양념장이 된다. 단맛이 강한 드레싱이라면 진간장을 조금 보충한다.

Tip 간장 양념장 대신 고추장을 이용하면 나물 고추장 비빔밥이 된다.

순댓국밥

재료 가정간편식 순댓국, 대파 1/2컵, 김치

식당에서 흔히 사 먹을 수 있는 메뉴 순댓국밥은 직장인들의 '소울 푸드'라고 할 정도로 인기 있는 대표 메뉴다. 혼밥으로도, 여럿이 먹기에도 좋은 순댓국밥을 이제는 간편하게 집에서도 즐길 수 있다.

레시피

1. 가정간편식 순댓국의 육수를 살짝 해동해서 냄비에 넣고 뚜껑을 덮어 약불에 녹인다. 뚜껑을 덮고 약불에 녹여야 냄비가 타지 않는다.
2. 진공 포장된 순댓국 건더기를 뜯지 않은 상태로 찬물에 담가 해동한다. 완전히 해동되면 포장을 뜯어 부속 고기와 순대를 분리하고, 고기를 먼저 냄비에 넣고 뚜껑을 덮어 중불로 한소끔 끓인다.
3. 한소끔 끓으면 순대도 넣고 1분만 끓인 후 국그릇에 담고 대파를 얹는다. 순대를 먼저 넣고 끓이면 순대가 다 터진다.
4. 국그릇에 담고 대파를 송송 썰어 얹는다. 대파가 순댓국의 느끼한 맛을 잡아주므로 순댓국에는 반드시 대파를 추가한다. 김치를 꺼내 곁들인다. 순댓국밥이 아무리 맛있어도 김치가 없다면 2% 부족하다. 엄마표 김치와 함께 순댓국밥을 즐기자.

Tip 얼큰한 순댓국을 즐기고 싶다면 고춧가루나 청양고추를 첨가한다. 들깻가루, 부추, 새우젓 등을 추가하면 식당 못지않은 순댓국이 된다. 양념장이 필요하면 소포장으로 제공된 양념장을 이용하자.

쌀국수

재료 가정간편식 쌀국수 키트, 물 6컵

전날 회식으로 거나하게 마신 다음 날 뜨끈한 쌀국수 한 그릇이면 속을 달래기에 그만이다. 이젠 집에서도 손쉽게 쌀국수를 끓여먹을 수 있다. 숙주, 양파, 고수, 청양고추를 따로 살 필요도 없다.

레시피

1. 냄비에 물을 4컵 넣고 끓인다. 쌀국수는 삶으면 물이 쌀뜨물처럼 뿌옇게 되므로 육수에 삶지 말고 따로 삶는다.
2. 동봉된 채소를 흐르는 물에 씻어 체에 받친다.
3. 쌀국수를 삶아 체에 걸러둔다.
4. 냄비에 물 2컵을 넣고 소스를 부어 끓인다.
5. 양파, 대파, 고추를 넣고 한소끔 끓인다.
6. 삶은 면을 그릇에 담고 육수를 부은 후 숙주를 올린다. 생 숙주가 먹기 어렵다면 육수를 끓일 때 같이 넣어 끓이면 된다.

Tip 부족한 단백질은 냉동 상태의 얇은 돼지고기나 소고기 또는 새우가 있다면 육수를 끓일 때 같이 끓여 고명으로 사용한다. 고수 향이 거북하다면 고수 잎을 제거하고 양파와 함께 먹으면 좋다. 해선장 소스나 스리라차 소스를 곁들이면 맛이 배가된다.

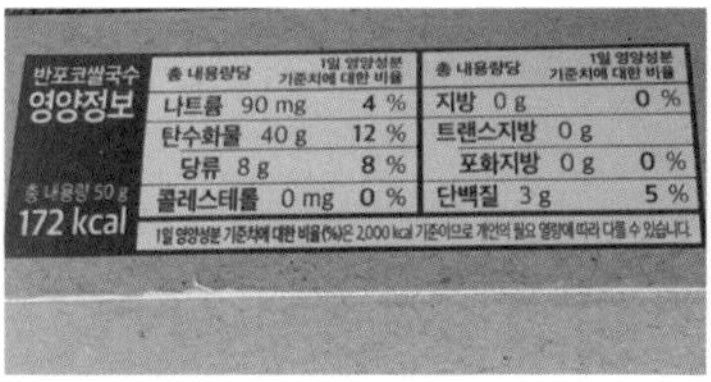

떡만둣국

재료 (1인분 기준) 가정간편식 사골곰탕의 1/2, 떡국용 떡 20개, 냉동 만두 3개, 달걀 1개, 두부 1/2컵, 양파 1/4개, 대파 슬라이스 1/4컵

혼밥하는 날, 뜨끈한 국물은 먹고 싶은데 라면은 왠지 부담스러울 때 끓여먹기에 제격인 메뉴다. 만들고 보면 라면보다 쉬워 깜짝 놀란다.

레시피

1. 재료를 준비한다. 냉동된 떡을 사용할 경우 요리를 시작하기 전 떡을 따뜻한 물에 담가 냉기를 없애준다. 냉장된 떡이나 상온 상태의 떡은 물에 한 번 헹궈 보존을 위해 첨가한 주정이나 산성 첨가제를 씻어준다. 냉동 만두는 왕교자를 사용하는 게 푸짐하고 좋다. 2~3개 분량이면 적당하다. 취향에 따라 추가한다. 두부는 2cm 크기로 깍둑썰기하여 6~7개 준비한다. 두부를 넣으면 담백하고 건강하게 먹을 수 있다.
2. 사골곰탕을 냄비에 넣고 중불로 데운다.
3. 떡과 만두와 양파를 넣는다. 재료는 국이 끓기 전에 넣는다. 왕교자는 크기가 제법 커서 따뜻해지는 데 시간이 꽤 걸린다. 냉동된 떡도 오래 끓일수록 부드럽다. 국이 끓기 전에 넣으면 시간도 절약되고 짧은 시간에 오래 끓일 수 있어서 떡과 만두피가 부드러워져서 맛있게 먹을 수 있다. 양파는 길쭉하게 채썰기해서 넣는다.
4. 팔팔 끓인다. 국이 끓고 약 3분 후에 젓가락으로 찔러보아 잘 들어가면 만두가 익은 것이다. 만두 크기에 따라 끓이는 시간을 조절한다.
5. 달걀을 넣는다. 넣자마자 젓가락으로 휘저으면 노란 낙엽처럼 풀어지고 그냥 두면 몽글한 수란이 된다. 취향에 따라 선택하면 된다.

제품 특징

소금 간이 되어 있는 제품이다. 2인분 500g 기준으로 나트륨 함량이 62%로 높다. 입맛에 따라 짜게 느껴질 수 있으므로 간을 희석하면서 단백질을 보충할 수 있도록 두부와 달걀을 넣을 것을 권한다. 부족한 탄수화물은 떡으로 보완한다. 이 제품은 각종 채소 엑기스가 들어 있으므로 별도의 마늘이나 대파는 생략할 수 있다.

Tip 남은 사골곰탕은 입구를 밀봉하여 공기를 차단해 냉장고에 보관하면 더 오래 신선도를 유지할 수 있다. 그래도 가능하면 일주일 내에 먹도록 한다. 사용하고 남은 두부는 밀폐 용기에 물에 잠기도록 담아 냉장 보관하면 좋다. 두부도 일주일 내에 먹는 게 좋다.

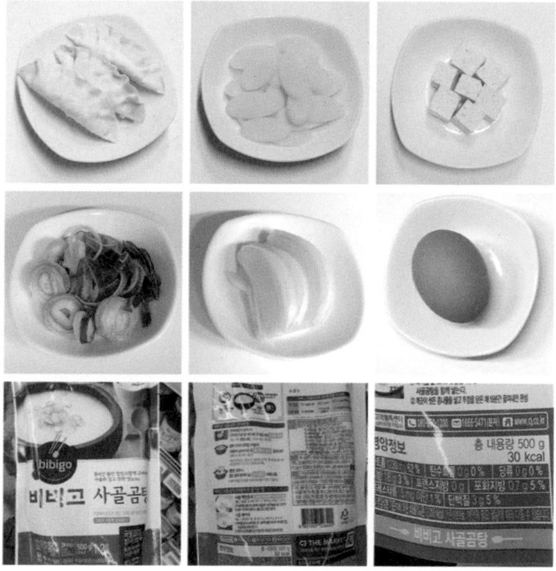

고기국수

재료 가정간편식 돼지국밥, 소면, 다진 마늘 1티스푼, 물 1/2컵, 채 썬 대파 1/2컵

국수를 좋아하는 사람에게 단백질을 보충해줄 수 있는 고기국수는 한 끼 식사로 제격이다. 제주도에 가면 꼭 먹고 온다는 고기국수를 이제는 집에서도 간편히 끓여먹을 수 있다.

레시피

1. 냉동된 사골국을 냄비에 넣고 약불에서 5분 이상 녹인다. 플라스틱 용기에 1인분씩 담겨 얼려 있는 가정간편식 돼지국밥을 사용했다. 통째로 얼어 있기 때문에 녹이는 것이 꽤 어렵다. 먹기 전날 냉장고로 옮겨 보관하면 좋다. 녹일 시간이 없을 때는 포장째로 미온수에 1분 정도 담그면 표면의 국이 녹아서 쉽게 꺼낼 수 있다. 냉동 블록 국을 녹일 때는 뚜껑을 닫고 약불에서 끓인다. 급한 마음에 센 불로 끓이면 국이 녹기 전에 냄비가 탈 수 있다.
2. 다진 마늘을 넣고 중불로 끓인다. 원재료 성분에는 돈 사골과 고기만 들어 있다. 돼지의 누린 향이 있을 수 있으니 다진 마늘을 준비한다.
3. 국이 끓으면 소면을 넣는다. 따로 소면을 삶아 넣어도 되지만 시간 절약을 위해 소면을 바로 넣는다. 소면을 삶고 찬물로 헹군 후 국물로 따뜻하게 데우는 토렴을 안 해도 되니 간편하다.
4. 물 1/2컵을 두 번에 나눠서 붓고 끓이고를 반복한다. 소면을 삶을 때 쫄깃해지라고 찬물 붓는 방법을 여기에 이용한다. 면이 삶아질 동안 국이 졸아들 수 있으니 국이 끓으면 물을 붓고, 끓으면 물을 붓기를 두 번 한다.
5. 그릇에 담고 채 썬 대파를 고명으로 얹는다.

제품 특징

이 제품에는 채소 엑기스나 소금이 첨가되지 않았다. 식당에서 먹듯 소금이나 새우젓 등을 첨가해서 먹는다.

Tip 건조한 소면이 없고 생면이 있는 경우 하얗게 묻어 있는 덧가루를 찬물에 씻어낸 후 넣는다.

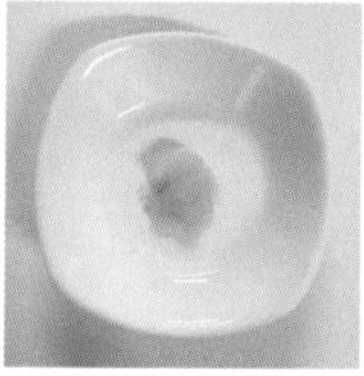

토마토 스파게티

재료 가정간편식 토마토소스, 스파게티면 100g, 양파 1/4개 5mm 다이스, 다진 쇠고기 2블록(맛술 1스푼), 오일 3스푼, 후추 약간

근사한 레스토랑에서 먹던 스파게티를 집에서도 즐길 수 있다. 스파게티를 한 번 집에서 만들어 먹으면 너무 저렴하고 쉬워서 밖에서 사 먹기 어려울 수도 있으니 주의! 미슐랭 맛집 메뉴를 집에서도 즐겨보자.

레시피

1. 끓는 물에 스파게티면을 10분간 삶는다.
2. 면이 삶아지면 건진 뒤 오일 2스푼을 뿌려 섞는다. 면을 미리 삶아둘 경우 오일을 뿌리면 면끼리 들러붙지 않는다. 이 상태로 얼렸다 먹을 때마다 해동해서 쓰면 된다. 소스에 바로 삶은 면을 넣을 경우 이 과정을 생략해도 된다.
3. 냄비에 남은 면수를 버리고 오일 1스푼을 넣어 약불로 가열한다. 냄비를 여러 개 사용하면 번거로우니 1개로 조리한다. 높이가 낮은 팬은 토마토소스를 끓일 때 벽에 튈 수 있으니 냄비를 사용하는 게 좋다.
4. 가열된 팬에 다진 소고기를 넣고 볶다가 붉은 기가 반쯤 사라지면 맛술을 넣어 잡내를 날린다. 양파 다이스를 넣고 같이 볶다가 후추를 약간 뿌린다. 소고기 대신 닭가슴살, 햄, 베이컨, 새우 등을 사용해도 좋다. 생고기를 쓸 때는 맛술이나 청주, 와인 등으로 잡내를 날려준다. 이러한 과정을 플람베(flamber)라고 한다. 가정간편식 토마토소스를 사용할 경우 소스에 기본 간이 되어 있기 때문에 채소나 단백질을 먼저 볶을 경우 소금은 생략하고 후추만 뿌려주면 된다.
5. 4번 볶음에 토마토소스를 넣고 섞어주며 한소끔 끓인다. 이번에 사용한 소스는 1인분 파우치 제품이다. 끓일 때는 냄비가 타지 않게 약불로 조리한다. 되직한 소스류는 끓으면서 튈 수 있으니 화상에 주의한다.
6. 미리 삶아둔 스파게티면을 넣고 소스와 섞어준다.
7. 그릇에 담아낸다.

제품 특징

나트륨 함량이 1일 권장량의 53%나 된다. 소고기와 양파를 듬뿍 넣어 나트륨 섭취량을 줄이자. 부족한 탄수화물은 스파게티면으로 채우고 부족한 단백질은 소고기로 채운다.

Tip 스파게티면 대신에 밥을 넣으면 리소토가 된다. 채소나 단백질이 없으면 소스만 사용해도 괜찮다. 병 소스를 사용했다면 남은 소스는 실리콘 얼음 블록에 넣어 냉동 보관하면 된다. 다진 소고기도 실리콘 얼음 블록에 꾹꾹 눌러 담아 얼려놓으면 여러 가지 요리에 이용할 수 있다.

크림 리소토

재료 가정간편식 크림소스, 즉석보리밥, 냉동 콜리플라워 라이스 1/2컵, 오일 2스푼, 후추 약간, 다진 양파 1/2컵, 느타리버섯 1컵, 우유 1/2컵

밥이 들어간 리소토도 스파게티만큼 사랑받는 메뉴다. 보리밥과 콜리플라워 라이스를 사용하면 부드러운 크림소스 사이로 톡톡! 아삭! 식감을 제대로 즐길 수 있다. 별식으로 만들어주면 미슐랭 투스타 셰프도 울고 갈 고소한 맛과 재미있는 식감 덕에 아이들에게 인기 짱이다.

레시피

1. 즉석 보리밥을 전자레인지에 1분 정도 데운다. 소스에 넣고 끓일 것이므로 밥이 풀어질 정도로만 살짝 데워준다.
2. 양파를 2mm 다이스로 다진다.
3. 느타리버섯은 가닥으로 찢는다. 느타리버섯은 언제든 구하기 쉬운 재료다. 아이에게 해줄 경우 버섯도 양파처럼 잘게 자른다.
4. 냄비에 오일을 두르고 중불에 양파를 1분간 볶다가 버섯을 넣고 3분 더 볶는다. 후추를 약간 친다. 채소가 노릇해질 때까지 볶는다. 시판 소스는 간이 세기 때문에 소금을 넣지 않는다.
5. 크림소스를 냄비에 붓고 중약불로 조절하여 끓인다.
6. 소스가 끓으면 보리밥과 콜리플라워 라이스를 넣고 섞는다. 크림소스는 매운 소스보다 오히려 나트륨과 지방 함량이 높으므로 우유 1/2컵과 버섯을 넣어 간을 희석시킨다. 콜리플라워 라이스는 콜리플라워를 쌀알처럼 잘게 썰어 가공한 식재료다. 밥이 부담스러울 때 먹으면 좋다. 냉동 제품을 구비해놓으면 쓸모가 많다.
7. 예쁜 그릇에 담아 먹는다.

제품 특징

이 제품의 경우 영양 성분 표에 표시된 나트륨 함량은 40%다. 하루 나트륨 섭취 허용량 2,000mg(소금의 양으로 환산하면 5g) 가운데 800mg이 포함된 함유량이므로 우유 1/2컵을 넣어 싱겁게 먹는 것이 좋다. 우리가 한 끼에 섭취하는 나트륨의 양은 영양 성분표에서 30% 이하의 비율로 섭취하는 것이 적당하다고 보면 된다. 그 이상이라면 육수를 넣어서 희석하고 소스를 덜 섭취하도록 나트륨 양을 줄이는 게 바람직하다.

Tip 버섯은 크림소스와 매우 잘 어울린다. 양송이버섯, 새송이버섯 등을 추가로 넣으면 다양한 버섯의 풍미를 즐길 수 있다. 콜리플라워 라이스가 없는 경우 밥을 더 넣으면 된다. 탄수화물 대신 먹을 수 있는 식재료는 곤약, 귀리, 퀴노아 등이 있지만 이것들은 익혀야 하는 번거로움이 있다. 간편하게 곤약 즉석밥 시리즈를 이용할 수 있다.

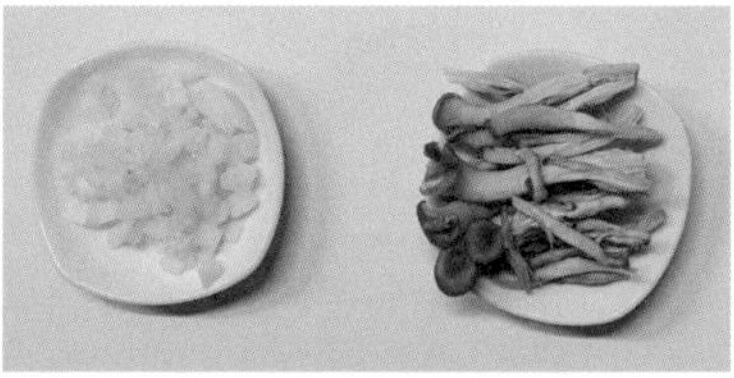

영양정보	총 내용량 145 g / 325 kcal
나트륨 800 mg 40%	탄수화물 8 g 2%
당류 6 g 6%	지방 30 g 56%
트랜스지방 0.8 g	포화지방 17 g 113%
콜레스테롤 70 mg 23%	단백질 6 g 11%

1일 영양성분 기준치에 대한 비율(%)은 2,000 kcal 기준이므로 개인의 필요 열량에 따라 다를 수 있습니다.

함박스테이크

재료 가정간편식 함박스테이크, 빨간 파프리카 1/2개, 노란 파프리카 1/2개, 브로콜리 5작은 송이, 오일 4스푼, 소금 1/3티스푼, 후추 약간, 소스 만들기(다진 양파 1스푼, 오일 1스푼, 돈가스소스 4스푼, 토마토케첩 2스푼, 물 3스푼)

적당한 메인 반찬이 떠오르지 않을 때 가정간편식 함박스테이크 한 개면 근사한 메인 메뉴가 된다. 구운 채소를 곁들이면 고급 레스토랑이 남부럽지 않다. 앗! 소스가 없는 제품이라면? 여기 급히 만들 수 있는 소스 레시피도 공유한다.

레시피

1. 냉동된 가정간편식 함박스테이크를 포장을 뜯지 않은 채 미지근한 물에 5분간 담가 녹인다. 양념하여 냉동한 생고기 형태의 함박스테이크의 경우는 속까지 익혀야 하므로 잘 해동하는 게 필수다.
2. 팬에 오일을 2스푼 두르고 약불로 함박스테이크를 익힌다(10분 이상). 양념된 형태라 팬이 쉽게 탈 수 있으니 반드시 약불로 은근히 익혀준다. 스테이크를 앞뒤로 잘 익힌 후 편평했던 함박스테이크 중심 부분이 부풀어 오르면 겉은 익었다고 생각하면 된다. 이때 에어프라이어에서 180℃로 5분을 더 익힌다. 젓가락으로 고기를 찔러보았을 때 투명한 육즙이 흘러나오면 익은 것이다.
3. 빨간 파프리카, 노란 파프리카, 브로콜리를 한 입 크기로 자른 다음 위생팩에 자른 채소, 오일 2스푼, 소금, 후추를 넣고 섞은 후 에어프라이어에서 160℃로 10분간 익힌다.
4. 소스를 만든다. 팬에 오일을 두르고 중불에 양파를 볶다가 양파가 투명해지면 불을 끄고 돈가스소스와 케첩과 물을 넣고 섞는다. 약불로 소스를 저어주면서 끓인다. 소스가 끓어서 농도가 되직해지면 완성이다.
5. 고기와 채소를 접시에 가지런히 담는다.

Tip 소스를 만들 때 양송이를 썰어서 양파와 함께 볶아 넣으면 소스의 풍미가 더 근사해진다. 슬라이스치즈가 있다면 에어프라이어 조리 시 치즈를 함박스테이크에 얹어서 1분만 더 가열해준다.

돈가스 정식

재료 가정간편식 돈가스(모차렐라치즈 돈가스), 가정간편식 양배추 샐러드, 냉동 파인애플 조각(또는 다른 과일), 돈가스소스, 즉석밥(또는 얼려놓은 밥), 케첩 또는 마요네즈 약간

어른, 아이 할 것 없이 누구나 좋아하는 돈가스! 집에서 튀기기 힘들어 대표적인 외식 메뉴였지만 이제는 튀기는 과정 없이도 돈가스를 집에서 쉽게 먹을 수 있다. 집에서 경양식 레스토랑 분위기를 한껏 내보자.

레시피

1. 가정간편식 돈가스를 에어프라이어에 가열한다. 약 180℃에서 7분 조리, 뒤집어서 추가로 5분 내외로 조리한다. 미리 튀겨 얼려놓은 가정간편식 돈가스를 사용하면 에어프라이어로 바삭한 돈가스를 먹을 수 있다.
2. 밥은 데운 후 작은 볼에 담아서 모양을 낸다. 데운 밥을 그냥 올려놓아도 무방하지만 봉긋한 모양을 내주어야 경양식 분위기가 제대로 난다. 작은 볼이 없다면 손으로 주먹밥을 만들어 올려도 좋다.
3. 가정간편식 양배추 샐러드는 물에 한 번 헹궈 물기를 뺀다. 양배추는 보관 기간이 꽤 길지만 한 통을 사면 남을 수 있으므로 간편식 양배추 샐러드를 이용하는 게 좋다. 소독약 냄새가 날 수도 있으니 물에 헹구고 물기를 뺀 다음 사용한다.
4. 케첩과 마요네즈를 섞어 양배추 위에 뿌린다. 끝이 뾰족한 소스통이 없다면 지퍼백에 케첩과 마요네즈를 담고 지퍼백 끝을 조금 잘라 짜주면 예쁘게 뿌릴 수 있다.
5. 냉동 파인애플 조각 네 개를 양배추 옆에 놓는다. 통조림 파인애플은 설탕물에 절여 있어 너무 달다. 냉동 파인애플은 잘 녹이면 파인애플 본연의 맛을 느낄 수 있다. 가끔 스무디를 해먹을 수도 있다.

Tip 에어프라이어가 없다면 식용유를 넉넉하게 두른 팬에 약불로 10분 이상 익힌 후 전자레인지로 30초~1분간 데워 속까지 익힌다. 에어프라이어로 미리 튀긴 냉동 제품을 해동할 경우 조리 시간 중간에 한 번쯤은 뒤집어주어야 열풍을 골고루 받을 수 있고 기름도 잘 빠진다. 조리하고 나서 돈가스를 잘랐을 때 치즈가 녹지 않았다면 전자레인지에 30초간 조리한다.

4장

특별한 날 즐기는 요리

고기 먹는 날
: 밥, 수육, 채소 쌈

재료 가정간편식 수육, 한 끼 쌈채소, 쌈장, 김치

돼지고기 수육은 삶기가 까다롭다. 보기엔 쉬워 보여도 알맞게, 맛있는 식감으로 삶는 과정이 꽤 복잡하다. 가정간편식 수육을 이용하면 이런 번거로움 없이 5분 만에 뚝딱 만들 수 있다. 여기에 콩나물국을 곁들이면 더없이 좋다(콩나물국 레시피는 '오돌뼈와 주먹밥' 참조).

레시피

1. 가정 간편식 수육을 그릇에 담고 뚜껑을 덮어 전자레인지 900W 기준으로 1분 30초(700W 2분 내외) 정도 데운다. 이번에 사용한 수육은 냉장 보관 제품이다. 따뜻하게 데우기만 하면 되니까 전자레인지를 이용했다. 뚜껑을 덮지 않으면 고기 표면이 마르니 반드시 뚜껑을 덮어서 데운다. 표시 사항에 조리법이 따로 나와 있지 않으므로 전자레인지에 30초씩 돌려서 적당한 온도를 맞췄다. 찜기를 사용해도 된다.
2. 쌈채소를 씻어 물기를 뺀다. 수육에 쌈채소는 빠질 수 없는 곁들임이다. 요즘은 쌈채소를 한 끼 먹을 분량으로 판매해서 편하다. 다양한 쌈채소를 한 번에 포장한 제품도 있다. 반드시 씻어서 물기를 뺀 후 먹는다.
3. 쌈장과 김치를 그릇에 담는다.

Tip 수육 한상에 밥을 곁들이면 든든한 밥상이 되고, 술을 곁들이면 근사한 주안상이 된다. 혹시 새우젓이나 어리굴젓이 있다면 함께 먹어보자. 수육의 맛이 풍부해진다. 오이, 오이고추, 파프리카, 양파 등의 생채소 스틱을 함께 먹으면 고기의 느끼한 맛을 잡아주면서 채소를 마음껏 섭취할 수 있다.

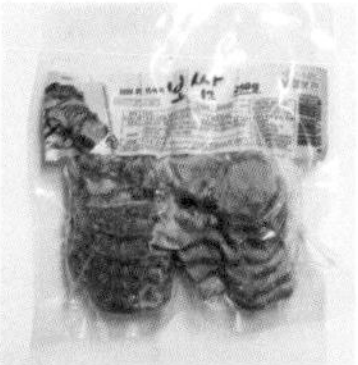

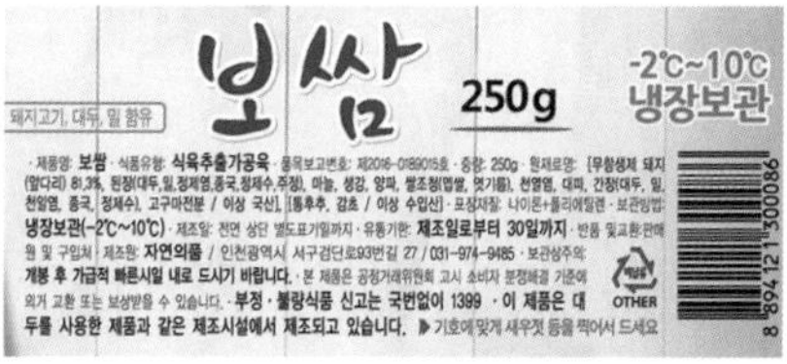

정겨운 생일상
: 미역국, 밥, 오리불고기, 잡채

재료 가정간편식 미역국, 가정간편식 오리불고기, 가정간편식 파채, 양파 1/2개, 대파 50g, 가정간편식 잡채, 참기름 1스푼, 쌀 2컵, 냉동 완두콩 한 줌(또는 즉석밥)

생일을 맞이한 날 아침 엄마가 끓여준 미역국이 기억난다. 고등학생쯤 되어보니 정작 엄마 생일에는 미역국을 끓여주는 사람이 없던 기억도 난다. 내가 처음 배운 요리는 바로 미역국 끓이는 법. 이제는 요리를 못하더라도 사랑하는 가족에게 생일상을 차릴 수 있게 되었다. 미역국은 기본이고 생일날 면을 먹으면 오래 산다기에 잡채를 준비하고 특별한 메인 요리로 죽순 오리불고기를 사용했다. 30분 내로 상차림이 가능하니 남은 시간 축하하는 마음을 가득 담아보자.

레시피

〈미역국〉

1. 냄비에 간편식 미역국을 붓고 물 1컵을 부은 다음 한소끔 끓인다.

〈밥〉

1. 쌀 2컵을 2회 씻고, 냉동 완두콩 한 줌도 흐르는 물에 씻는다.
2. 밥물을 맞추고 취사 버튼을 누른다. 즉석밥을 사용할 경우 밥은 미역국을 데우면서 준비한다.

〈죽순 오리불고기〉

1. 냉동 상태의 오리불고기를 봉투째 미지근한 물에 넣고 15분간 담가 녹인다. 그동안 양파 1/2개는 굵은 채로, 대파는 손가락 길이로 큼직하게 자른다. 파채는 흐르는 물에 씻어 물기를 뺀다.
2. 오리불고기는 양념이 되어 있는 생고기이니 반드시 해동한 다음 익혀야 한다. 전날 냉장고에 꺼내놨다가 다음 날 사용해도 된다. 바로 녹여서 사용할 경우 찬물이나 미지근한 물에 몇 분간 담근다. 온수에 담그면 고기가 변할 수도 있으니 주의하자.

3. 녹은 고기는 냄비에 넣고 중약불로 익힌다. 오리고기는 기름이 많이 나오므로 따로 기름을 두르지 않아도 된다. 냄비에서 타지 않게 저어주면서 익힌다.
4. 15분 정도 지나면 고기가 2/3쯤 익게 되는데 여기에 양파와 대파를 넣고 뚜껑을 덮어 익힌다. 추가한 채소는 숨이 죽을 정도만 익혀주면 된다.
5. 미리 씻어둔 대파 채를 고명으로 얹는다.

〈잡채〉

1. 냉동 상태의 가정간편식의 포장을 벗기고 전자레인지에 2분~2분 30초 동안 해동한다. 사용한 제품은 채소가 실하게 들어 있어 추가 채소는 사용하지 않았다. 전자레인지에서 너무 녹이면 수분이 증발되어 재료가 딱딱해질 수 있다. 조리법에 나온 것처럼 잠시만 전자레인지로 해동하고 가스 불에서 마저 녹이는 방법을 권한다.
2. 해동된 잡채를 냄비에 넣은 다음 뚜껑을 덮고 약불에서 5~10분간 완전히 녹인다. 당면이 냄비에 눌러붙지 않아야 하니 반드시 뚜껑을 덮고 약불에서 녹여준다.
3. 잡채가 녹으면 채소에 얼어 있던 수분이 녹으면서 물이 자작하게 생긴다. 수분을 날리기 위해 뚜껑을 열고 중불에 저으면서 잡채가 보송보송해질 때까지 볶는다.
4. 꺼내기 직전 참기름을 두르고 잘 섞은 후 접시에 담고, 깨를 고명으로 뿌린다.

제품 특징

죽순유황오리 고추장주물럭은 무항생제 축산물 인증을 받았다. 잡채는 무농약 제품을 쓴 것이 눈에 띄나 나트륨 함량은 29% 정도로 조금 높은 편이다. 미역국도 총 내용량 500g에 함유되어 있는 나트륨 함량이 75%나 된다. 이런 경우에는 물 1컵을 추가로 넣고 두 번에 나눠 먹어 나트륨 섭취량을 줄이는 것이 좋다.

나를 위한 5첩 반상 1
: 갈비탕 정식

재료 가정간편식 갈비탕, 연근 조림, 콩자반, 오징어채 볶음, 김치

가정간편식 갈비탕 하나면 한 끼 식사가 고급스러워진다. 여기에 밑반찬 삼총사 연근조림, 콩자반, 오징어채 볶음을 준비했다. 대지의 영양을 품었다는 연근과 블랙 푸드의 대표선수 검은콩, 여기에 고추장 양념이 버무려진 쫄깃한 진미채 볶음은 입맛을 돋워주는 데 일등공신이다. 엄마표 김장김치도 추가하면 엄마가 해주신 집밥 느낌이 물씬 난다.

제품 특징

영양 정보의 나트륨이 하루 권장량의 42%이니 냄비에 데울 때 물 1/2컵에서 1컵을 추가로 넣고 한소끔 끓인다. 가정간편식 반찬 3종 모두 조림류다. 연근 조림에는 비교적 알고 있는 원재료명이 많이 보인다. 오징어채는 백진미 오징어에 감미료와 향미증진제가 보인다. 입에 착 붙는 맛이 나는 이유가 여기에 있다. 콩조림은 중국산 콩조림을 수입해 국내에서 추가 가공을 하는 형태로 보인다. 원료로 사용한 콩조림에 보존료가 들어 있다. 간장과 감칠맛이 나는 L-글루탐산나트륨도 확인할 수 있다.

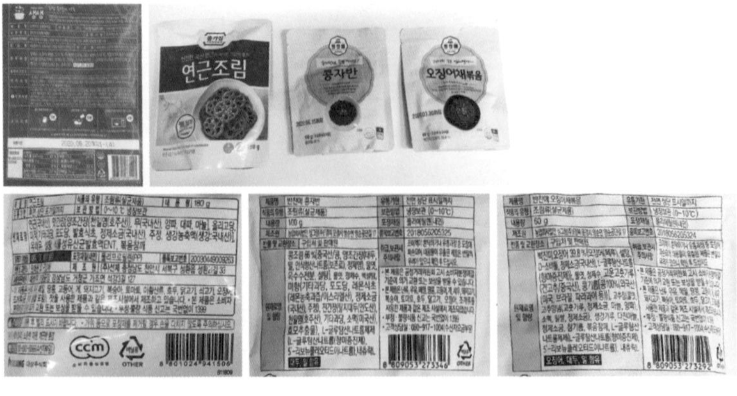

나를 위한 5첩 반상 2
: 생선구이 백반

재료 가정간편식 생선구이, 멸치볶음, 볶음김치, 무말랭이, 제철 나물

생선구이는 집에서 먹기 힘들다. 그런데 이제는 구워 나온 생선 간편식이 있어 힘들이지 않고 생선구이를 집에서 먹을 수 있게 되었다. 여기에 칼슘 왕 멸치볶음과 무말랭이를 더하면 금상첨화! 매콤 달콤한 무말랭이와 제철 나물 반찬으로 미나리무침을 곁들이면 든든한 생선구이 백반이 된다. 아차, 국을 깜빡했다면 밥을 이용해 누룽지처럼 끓여보자. 누룽지가 없을 때는 둥굴레차 티백을 우린 물에 밥을 넣어 끓이면 누룽지같이 구수해진다. 여름에는 시원하게 우려도 좋다. 자칫 생선구이로 비릿할 수 있는 입맛을 누룽지가 개운하게 해준다.

제품 특징

사진처럼 용기와 고등어에 밀착된 포장 비닐을 스킨팩이라고 부른다. 진공 형태라 제품의 상태를 선명하게 확인할 수 있고 보존성이 좋다. 알루미늄 용기라 1분 이상 조리하기 원하면 생선만 따로 조리할 것을 권한다. 견과류멸치볶음에 들어간 말티톨 시럽은 당 알코올의 한 종류이자 설탕맛과 가장 유사한 감미료로, 설탕보다 칼로리가 낮은 것으로 알려져 있다. 미작은 요리용 맛술이다.

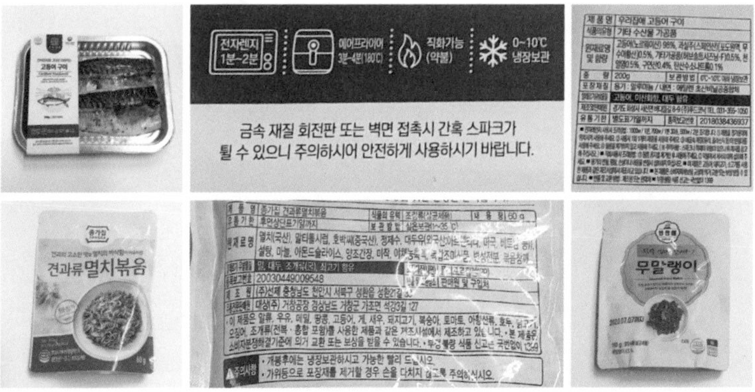

나를 위한 5첩 반상 3
: 돼지국밥 정식

재료 가정간편식 돼지국밥, 우엉조림, 달걀찜, 양념 깻잎, 김

속 든든한 돼지국밥을 집에서 먹는다. 여기에 우엉조림, 달걀찜, 양념 깻잎, 김 4가지 반찬을 곁들어 먹으면 웬만한 국밥집보다 영양 만점인 한 끼 식사로 충분하다. 아삭아삭 씹히는 우엉은 돼지고기와 잘 어울리는 식자재다. 섬유소도 풍부하다. 느끼할 수 있는 돼지 사골국에 매콤 짭쪼름한 양념 깻잎을 밥 위에 올려 먹으면 최고다. 여기에 부드러운 달걀찜을 데워 곁들이고 바삭한 김으로 식감을 더해준다. 그런데 우엉조림과 양념 깻잎이 간장 조림류 반찬이라 다소 간이 세다. 내 경우 이런 밥찬을 곁들일 때는 국에 소금을 넣지 않고 먹는다. 이렇게 먹다 보면 밍밍하게 느낄 수 있는 국이 파 향과 어우러져 담백해진다. 혹시 돼지국밥 특유의 냄새가 불편하다면 국을 끓일 때 다진 마늘을 1/2티스푼 넣으면 특유의 국밥 향을 줄을 수 있다.

제품 특징

원료명 및 함량은 비교적 알고 있는 원료와 함량이 대부분이다. 아미노베이스 P는 감칠맛을 내는 원료다. 양념 깻잎에는 소브산칼륨(보존료)을 사용했다. 1.0g/kg이하 양만 절임 식품에 사용할 수 있다. 100g 깻잎에는 약 0.1g 이하 첨가했을 것으로 추측해 본다. L-글루탐산나트륨과 5-리보뉴클레오티드이나트륨은 감칠맛을 내주는 첨가물이다.

나를 위한 5첩 반상 4
: 오겹구이상

재료 가정간편식 오겹살, 우렁 된장찌개, 명이나물 장아찌, 매실 장아찌

큰맘 먹고 집에서 고기를 굽기로 작정해본다. 오겹살 1인분을 준비했다. 밑반찬은 매실 장아찌와 명이나물 장아찌. 명이나물 장아찌는 반찬가게에서 들여왔다. 1인분 정도면 에어프라이어를 이용해서 180℃ 20분 내에 고기를 구울 수 있다. 곁들일 채소로 새송이버섯과 컬리플라워를 고기와 함께 굽는다. 든든하게 고기 먹는 날이라 밥은 조금만 담았다. 여기에 된장찌개까지 갖추면 한 주 수고한 스스로에게 행복을 줄 수 있다.

제품 특징

100% 우리 농산물로 만든 점이 눈에 띈다. 절임 식품은 살균 제품이지만 가급적 빨리 먹는 것이 좋다.

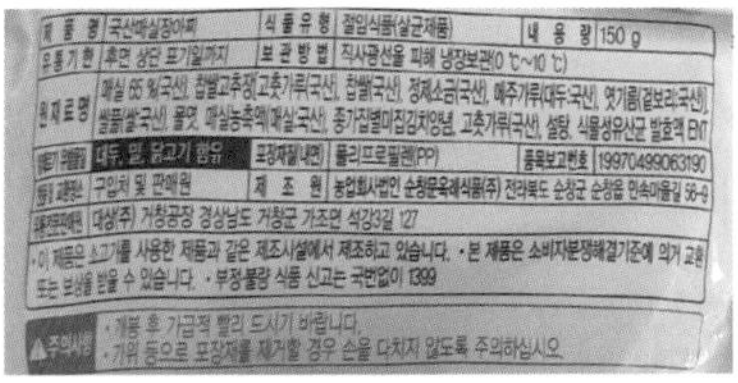

한잔에 곁들이기 좋은 안주 1 : 나초 치즈

재료 소스 일체형 나초, 가정간편식 과카몰리, 방울토마토 2개, 올리브 2개, 옥수수 약간, 피자치즈 3스푼

가볍게 맥주 한잔하고 싶을 때 떠오르는 게 나초다. 피자치즈와 과카몰리를 곁들이면 근사한 술안주가 된다. 매우 간단해서 만들기도 쉽고 한번 맛보면 멈출 수 없는 나초 치즈! 이제 집에서 즐기자.

레시피

1. 나초를 뜯고 위에 피자치즈를 얹어 치즈를 녹인다. 전자레인지 700W 기준 30초씩 2회, 에어프라이어 160℃ 5분이면 된다. 동봉된 살사소스에 찍어 먹어도 되지만 따뜻한 요리 안주 같은 효과를 내보자. 피자치즈를 살짝 녹여준다는 느낌으로 데워주면 오케이.
2. 냉동된 과카몰리를 봉지째 미지근한 물에 넣어 해동한다. 시원한 소스로 먹을 것이기 때문에 가열 처리는 하지 않고 해동만 한다. 분량도 딱 한 번 먹을 양이다.
3. 방울토마토 2개를 5mm 주사위 모양으로 썰어서 해동된 과카몰리와 섞는다. 과카몰리 소스가 짭짤하게 느껴질 경우에는 방울토마토를 더 넣는다. 신선한 토마토 맛과 썩 잘 어울린다.
4. 치즈가 녹은 나초에 통조림 옥수수와 올리브 슬라이스를 뿌린다.

Tip 나초를 편평하게 깔고 살사소스와 피자치즈를 뿌려 데우면 나초 피자로 즐길 수 있다. 소스 때문에 나초가 눅눅해지는 것은 감수할 것!

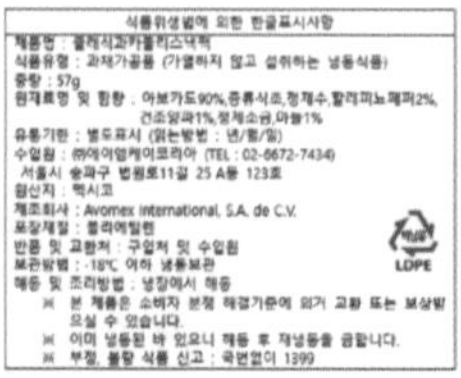

한잔에 곁들이기 좋은 안주 2 : 채소 스틱과 후무스

재료 채소 스틱(랜치소스와 함께), 가정간편식 후무스

맥주 한잔이 막 생각나는데 안주는 부담되고 술만 마시기에는 속이 부담될 때는 채소 스틱과 함께 마셔보자. 여기에 고소한 후무스(병아리 콩을 갈아 만든 소스)를 찍어 먹으면 한잔으로 끝나지 않을 수 있으니 조심할 것!

레시피

1. 포장재를 뜯어서 덜어먹기만 하면 끝! 이보다 더 간편할 수 없다.

Tip 채소 스틱은 술안주뿐 아니라 간식으로 먹어도 좋다. 후무스를 추천하는 이유는 동봉된 랜치소스가 마요네즈 베이스라서 후무스로 단백질을 보충하기 위함이다. 초고추장이나 쌈장이 생각나는 분들이라면 그것도 나쁘지 않다!

한잔에 곁들이기 좋은 안주 3 : 어묵탕

재료 가정간편식 어묵, 홍고추 약간, 팽이버섯 반 줌, 대파, 무, 일회용 나무젓가락

간단하게 딱 한잔하고 싶을 때, 종종 집 앞 오뎅바(bar)에 가곤 한다. 오뎅바는 어묵과 국물을 좋아하는 사람에겐 제격이다. 어묵 몇 개와 정종 한잔 그리고 뜨끈한 국물이면 스트레스받은 하루가 녹아내린다. 밖에 나가지 못할 때는 작은 냄비에 가정간편식 어묵탕 재료로 뚝딱 어묵바를 만들 수 있다. 술안주로 이만한 건 없다.

레시피

1. 작은 냄비에 물 2컵과 무를 넣고 중불에 끓인다. 보기에 너무 작은 냄비가 아닌가 싶어도 간단히 요기하기에는 양이 제법 나온다.
2. 물이 끓는 동안 어묵을 나무젓가락에 끼운다. 배달 음식에 딸려오는 일회용 젓가락을 모아두었다가 이럴 때 사용하면 좋다. 네모로 각진 나무젓가락보다는 둥근 젓가락이 더 그럴싸한 맛이 난다. 어묵탕용 제품을 사면 어묵 종류가 다양하게 들어 있어 활용도가 높다.
3. 물이 끓으면 분말수프와 어묵 꼬치를 넣고 중약불에서 은근히 끓인다. 어묵을 끓이면 어묵에서도 조미 성분이 나오니 간은 다소 약하게 잡는다. 국물이 싱겁다면 국간장을 조금 더 넣는다.
4. 대파, 홍고추, 팽이버섯을 넣고 숨이 죽으면 불을 끈다. 각종 채소를 넣고 국물을 끼얹으며 숨을 죽이면 더 그럴듯한 어묵탕이 된다.

제품 특징

제품 뒷면에 원재료 및 함량이 나와 있다. 이 제품의 경우 연육(생선살)과 다양한 첨가물이 들어 있음을 확인할 수 있다. 어묵이 짭조름한 이유다. 어묵에는 생각보다 많은 첨가물이 들어가므로 어린아이에게 줄 때는 원재료명 및 함량을 꼭 참고하기 바란다.

Tip 매콤하게 즐기고 싶으면 고춧가루나 청양고추를 넣는다. 우동면이 있다면 어묵 우동으로도 즐기자. 간장 1티스푼에 물 3티스푼을 섞고 와사비 겨자 1/2티스푼을 넣으면 어묵을 찍어 먹을 매콤한 와사비 장이 완성된다.

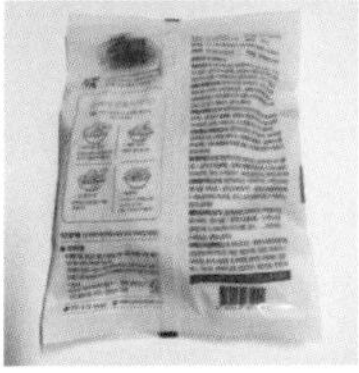

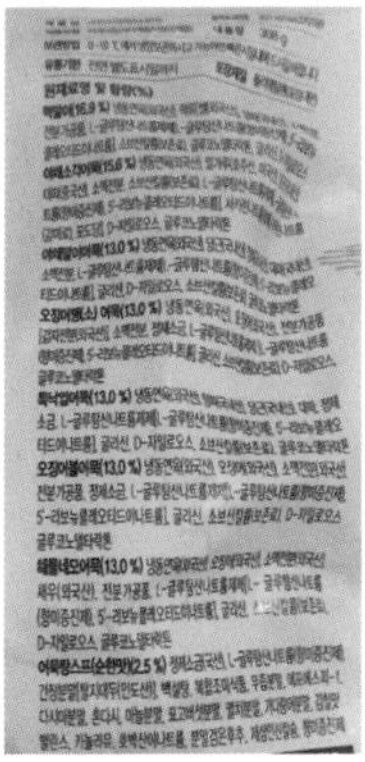

한잔에 곁들이기 좋은 안주 4 : 오돌뼈와 주먹밥

재료 가정간편식 오돌뼈, 식용유 약간, 대파 한 줌, 가정간편식 달걀찜, 즉석밥, 김가루, 참기름 약간, 깨소금 약간, 콩나물

젊은 시절 친구들하고 즐겨 먹던 술안주 메뉴다. 지금도 퇴근 후 술 한잔 생각날 때 그때를 추억하며 종종 먹는다. 인기 있는 야식 배달 메뉴이지만 요즘은 집에서 간단히 해먹을 수 있는 제품들이 많이 나와 있어 좋다! 냉동실에 쟁여놓고 혼술이 생각날 때, 옛 친구를 추억할 때 먹으면 딱이다. 매콤한 오돌뼈 안주에는 콩나물국이 제격이다.

레시피

〈콩나물국〉

1. 냄비에 물 500ml와 흐르는 물에 씻은 콩나물 200g을 넣고 뚜껑 덮어 끓인다.
2. 국이 끓으면 슬라이스 대파 한 줌, 다진 마늘 1 스푼, 국간장 1스푼, 두부 6조각을 넣고 한소끔 끓인다.

〈오돌뼈와 달걀찜〉

1. 냉동된 오돌뼈를 30초씩 2번 전자레인지에 해동한다. 포장재 조리법에는 700W 전자레인지에 2분 30초 해동하라고 적혀 있지만 전자레인지로는 해동만 하고 팬에 볶아 먹는 것을 권한다. 전자레인지를 이용하면 매우 간편하지만 맵고 단 소스에 볶아진 냉동 고기를 전자레인지에 가열 조리하면 건조해지거나 과열 조리가 될 수 있다.
2. 냄비에 식용유 1~2스푼을 두르고 슬라이스로 썬 대파를 볶는다. 대파 기름을 만들어서 오돌뼈를 볶아주면 풍미가 더해져서 좋다. 오돌뼈 양념에 이미 옥배유가 첨가되어 있으니 식용유의 양은 파를 볶을 정도의 양만 넣는다.
3. 해동된 오돌뼈를 파 기름에 넣고 볶는다. 매운 양념이 타지 않도록 중불에 볶아준다.

4. 즉석밥을 전자레인지에 데운 뒤 김가루와 참기름을 넣고 골고루 섞어 주먹밥을 만든다. 오돌뼈와 주먹밥은 궁합이 잘 맞는 짝꿍이다. 김가루와 참기름만 있으면 주먹밥을 뚝딱 만들 수 있으니 함께 즐기자.
5. 달걀찜 포장지 비닐을 벗겨 30초 동안 전자레인지에 해동한다. 매콤한 오돌뼈에 빠질 수 없는 또 다른 짝꿍이 달걀찜이다. 완제품이라 따뜻하게 데우기만 하면 된다.
6. 음식을 예쁘게 담아내고 오돌뼈에 깨 고명을 뿌린다.

제품 특징

포장 재질은 용기가 폴리프로필렌으로 전자레인지 조리가 가능한 제품이나 식품 유형이 양념육(비살균 제품)이므로 안 익힌 고기라고 생각하고 팬에 한 번 볶아서 먹을 것을 권장한다.
달걀찜은 집에서 만들기 은근히 까다로운 메뉴인데 간편하게 이용할 수 있는 제품이 나와 반갑다. 원재료명을 보니 당근과 대파, 대파 엑기스와 다시마 엑기스 등을 넣어서 채소 맛이 나는 달걀찜이다. 카로틴은 당근, 고구마 등에서 추출한 색소로 노란색을 좀 더 선명하게 해주는 역할을 한다. 달걀찜은 정제수가 많이 들어간 알 가열 제품이라 변질의 위험이 비교적 높을 수 있으니 주의 사항을 꼭 읽어보고 이용한다.

Tip 오돌뼈를 좀 더 매콤하게 즐기고 싶다면 파 기름을 낼 때 청양고추를 썰어 넣어 볶는다. 콩나물국과 함께 먹으면 술안주로 좋다. 콩나물국은 미리 끓여 놓고 차갑게 해서 먹어도 잘 어울린다.

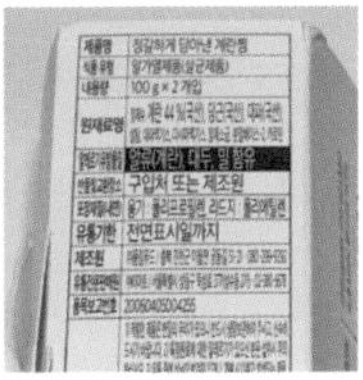

집에서 먹는 맛집 요리에 지금 도전하라!

대학원생 시절 배운 내용 중 가장 기억에 남는 단어가 있다. 바로 한식의 중심 철학인 '약식동원' 사상이다. 약식동원은 '약과 음식은 그 근본이 동일하다'는 뜻이다. 사실 한식 세계화를 꿈꾸고 식품회사에 입사했을 때 한 가지 고민이 있었다. 약식동원과 같이 음식이 우리에게 중요하다고 믿는 내가 식품회사에 가서 가공식품을 개발할 수 있을까? 하는 생각이 들었다.

그러나 한 분의 이야기를 듣고 그 고민은 말끔히 해결되었다. 바로 요리연구가 임지호 선생의 이야기다. 한 인터뷰에서 그는 이렇게 말했다.

"내 직업이 요리사다. 그러다 보니 손님들 식사 시간에 요리를 하고 나면, 정작 나는 식사 시간을 놓친다. 쉬는 시간에 주방 한쪽에 앉아 컵라면을 끓여 먹는다. 그 라면은 참 맛있다. 배고플 때 배를 채워주는 것이 가장 고마운 음식이라고 생각한다."

자연물로 음식을 요리하는 그도 라면을 먹고 있었다.

그렇다. 모든 사람이 항상 최상의 음식을 먹을 수는 없다.

경제적으로 여유가 없을 수도 있다. 경제적으로 여유가 있더라도 시간이 없을 수도 있다. 음식을 준비할 여력이 없을 수도 있다. 20년간 해온 음식 준비를 더 이상 하고 싶지 않은 사람도 있을 것이다. 요리의 'ㅇ' 자도 모르는 사람이 있을 것이다. 또한 혼자 지내는 사람도 많아졌다. 1인 가구는 물론 혼밥이 편한 사람이 증가하고 있다.

현재를 사는 대부분의 사람들이 가정간편식을 사용하고 있다. 가정간편식과 관련된 기사와 관련 보고서를 보더라도 가정간편식에 대한 소비자들의 인식이 가공식품에 비해서는 긍정적이다. 가정간편식의 빠른 성장 속도와 앞으로의 성장 가능성을 예측하더라도 앞으로 우리는 가정간편식을 이용할 수밖에 없을 것이다. 솔직히 너무 편리하기 때문이다. 물론 맛과 품질도 많이 향상되었다. 이제는 간편하게 한 끼를 즐길 수 있다. 멀리 가지 않아도 맛집의 음식을 집에서도 먹을 수 있게 되었다.

가공식품 세대를 지나 가정간편식으로 변화하는 시대에 있는 가정간편식 전문가로서 앞으로 가정간편식은 어떤 방향으로 가야 할지 고민하게 된다. 고민하며 자료를 조사하던 중 무릎을 치게 만드는 글이 있었다. 박상현 맛 칼럼니스트는 그의 글에서 쌀에 대한 소비자들의 관심을 이렇게 표현했다.

"최근 들어 좋은 쌀에 대한 소비자들의 관심이 유례없이 높아지고 있다. 밥맛을 따지고 품종을 따지려는 욕구가 증가하는 것이다. 고품질 품종의 쌀이 높은 가격에도 불구하고 인기를 얻고 있다. 이러한 변화를 감지한 외식업체 또한 도정기를 설치하거나 주문 즉시 밥을 짓고…….

쌀을 향한 소비자의 욕망은 더욱더 노골적이고 구체적이어야 한다. 그래야 기준이 세워지고 논리가 단단해진다. 소비자의 기준과 논리가 분명하면 시장은 그에 따라 달라진다. 시장이 바뀌면 쌀의 재배와 유통 환경이 달라질 수밖에 없다."

여기서 쌀과 밥을 가정간편식으로 바꿔보았다.

"최근 들어 좋은 '가정간편식'에 대한 소비자들의 관심이 유례없이 높아지고 있다. 가정간편식의 맛과 품질을 따지고 제품의 정보를 따지려는 욕구가 증가하는 것이다. 고품질의 가정간편식이 높은 가격에도 불구하고 인기를 얻고 있다.

가정간편식을 향한 소비자의 욕망은 더욱더 노골적이고 구체적이어야 한다. 그래야 기준이 세워지고 논리가 단단해진다. 소비자의 기준과 논리가 분명하면 시장은 그에 따라 달라진다. 시장이 바뀌면 가정간편식의 제조와 품질관리 환경이 달라질 수밖에 없다."

이 책이 품질 좋은 가정간편식에 대한 소비자들의 강력한 니즈를 형성하게 되는 시발점이 되었으면 한다. 또한 이 책을 통해 소비자들이 가정간편식에 대해 고민하고 제품을 고를 때 현명하게 선택하길 바란다. 점차 그 선택의 기준이 명확해져서 맛과 품질도 좋으면서 우리 몸에도 이로운 가정간편식이 앞으로 등장해주었으면 한다.

이 책이 나오기까지 응원하며 도와준 남편과 숙제하는 엄마를 배려해준 우리 딸, 사랑으로 한식 입맛을 잘 길들여주신 친정 부모님, 부족한 며느리를 아껴주신 시부모님, 항상 응원해주는 언니에게 깊은 사랑의 마음을 표현하고 싶다.

가정간편식을 개발하면서 만난 동료, 선배님, 후배님, OEM 공장 관계자분들께, 함께 일하면서 많은 것을 배우고 느끼게 해주어 감사하다는 말씀을 전하고 싶다.

| 참고자료 |

도서

- 김난도 등, 《트렌드 코리아 2020》, 미래의 창, p.29
- 김훈기, 《생명공학 소비시대 알권리 선택할 권리》, 동아시아, 2013
- 노봉수, 《생각이 필요한 식품 재료학》, 수학사, 2017
- 노봉수, 《우리집 건강 식탁 프로젝트》, 예문당, 2012
- 노봉수 외, 《실무를 위한 식품가공저장학》, 수학사, 2017
- 멜리니 뮐, 다이나 폰 코프, 《음식의 심리학》, 반니, 2017, p.32-33
- 밥홈즈, 《맛의 과학》, 처음북스, 2017
- 수잔 앨버스, 《감정식사》, 생각속의집, p.59, p.100
- 우세홍 외, 《식품첨가물》, 신광문화사, 2012
- 이영미 등, 《생애주기영양학》, 양서원, 2013년 5월
- 이한승, 《솔직한 식품》, 창비, 2017
- 정주영, 《과학으로 먹는 3대 영양소》, 전파과학사, 2017
- 조문구, 《식품포장학》, 유한문화사, 2019
- 최낙언, 《맛의 원리》, 예문당, 2018
- 최성식, 《HMR, 무엇이고 어떻게 성공할 것인가》, 지식공간, 2012
- 하상도, 《음식의 발견》, 북뱅, 2015
- EBS 〈아이의 밥상〉 제작팀, 《아이의 식생활》, 지식채널, 2010

잡지

- 김정선, 〈식품첨가물의 안전성에 대한 국민의식개선 전략〉, 한국보건사회연구원, 2015
- 〈내 나이가 어때서〉, 대신증권, 음식료업 분석보고서, 2019
- 농림축산식품부, 〈2019 가공식품 세분시장 현황_간편식시장〉, 한국농수산식품유통공사, 2019
- 보건복지부 · 한국영양학회, 〈2015 한국인 영양소 섭취기준〉, 2015

- 식품의약품안전처, 〈식품첨가물 바르게 알기〉. 전문가용
- 식품의약품안전평가원, 〈2018 식품첨가물 위해평가〉, 2018
- 식품의학안전처, 〈식품등의 표시규정설명〉, 2019
- 윤찬석 등, "즉석편의 식품용 포장재의 전자레인지 가열에 의한 변형 원인 분석", 〈한국식품과학회지〉, 47: 63–69(2015)
- 조영상, "유럽의 가정간편식(HMR)산업현황 – 영국, 독일, 이탈리아 중심으로", 〈세계농업〉, 2018 2월호
- 조영상, "일본의 가정간편식(HMR)산업 현황", 〈세계농업〉, 2019년 2월호
- 통계청, 〈한국의 사회 동향〉, 2019

인터넷 기사

- 가정간편식 2만원 시대… "비싸서 더 잘 팔린다", 〈아시아경제〉(2018. 4. 27.)
  http://view.asiae.co.kr/news/view.htm?idxno=2018042709224093791
- 국내 편의점 도시락이 호황인 이유, 〈식품외식경제〉(2017. 2. 13.)
  http://www.foodbank.co.kr/news/articleView.html?idxno=50900
- "남기지 말고 편하게 먹자" 과일 · 채소 소포장 · 간편식 매출 급증, 〈농민신문〉(2019. 10. 14.)
  https://www.nongmin.com/news/NEWS/ECO/CMS/316016/view
- 볶음밥 · 컵밥 등 가정간편식, 영양 부족한데 나트륨 함량 높아, 〈연합뉴스〉(2020. 2. 18.)
  송고시간2020-02-18 10:09
  https://www.yna.co.kr/view/AKR20200218047200017?input=1195m
- [빅데이터 분석] '편의점' 식품 유통 인기 플랫폼 부상, 〈식품음료신문〉(2019. 1. 9.)
  https://www.thinkfood.co.kr/news/articleView.html?idxno=83100
- 사뭇 달라진 '식탁의 풍경', 집에서 혼자 '가정간편식(HMR)'으로 식사를 하는 현대인들. 2018 가정 간편식(HMR) U&A 관련 조사, 〈트렌드 모니터〉(2018. 8. 1.)
  https://www.trendmonitor.co.kr/tmweb/trend/allTrend/detail.do?bIdx=1688&code=0301&trendType=CKOREA&prevMonth=&currentPage=1)
- [시장분석] 편의점 산업의 특성과 성장, 〈미래한국〉(2019. 2. 1.)
  http://www.futurekorea.co.kr/news/articleView.html?idxno=114925

- 식당 대신 편의점… 이젠 '편도족'이 대세, 〈한겨레〉(2019. 3. 4.)
  http://www.hani.co.kr/arti/economy/economy_general/884376.html#csidx1701ae97cd6cbedb2afce25650a00c7
- 일본 편의점 성장의 키워드… 끊임없는 혁신, 〈데일리포스트〉(2019. 1. 2.)
  https://www.thedailypost.kr/news/articleView.html?idxno=55557
- 편의점도 가정간편식 적극 공략, 〈식품음료신문〉(2019. 3. 14.)
  http://www.thinkfood.co.kr/news/articleView.html?idxno=83686
- '편의점 도시락' 식품 안전 사각지대, 〈식품음료신문〉(2018. 2. 26.)
  https://www.thinkfood.co.kr/news/articleView.html?idxno=79452
- 편의점 vs 도시락 전문점, 나트륨 적은 도시락은?, 〈힐팁〉(2019. 6. 3.)
  http://www.healtip.co.kr/news/articleView.html?idxno=1402
- 혼밥이 편해?… 혼밥男 비만 가능성 "매우 위험", 〈경제를 리뷰, 미래를 본다 © 이코노믹리뷰〉(2017. 5. 18.)
  http://www.econovill.com/news/articleView.html?idxno=315054
- 2019 신년특집 | Hot Issue 3 외식업 위협하는 '편의점 도시락', 〈식품외식경제〉(2019. 1. 8.)
  http://www.foodbank.co.kr/news/articleView.html?idxno=56249
- 2020년 편의점 핵심 트렌드는 '가치 소비', 1인가구 및 포미족 확대 예상, 〈MNB〉(2020. 3. 16.)
  https://mnb.moneys.mt.co.kr/mnbview.php?no=2020031114148051597&code=w1002&MRN&ref=https%3A%2F%2Fwww.google.com
- All the Best Meal Kit Delivery Services Available in America Right Now, BY THE EDITORS OF EPICURIOUS, March 5, 2020
  https://www.epicurious.com/expert-advice/every-meal-kit-delivery-service-in-america-article
- Best food subscription boxes, ABHA SHAH, Wednesday 29 January 2020 13:30
  https://www.standard.co.uk/shopping/esbest/food-drink/the-best-recipe-diet-cheese-and-meat-subscription-delivery-boxes-a3625316.html
- The best meal kit delivery services, Lulu Chang Dec 31, 2019, 6:40 AM
  https://www.businessinsider.com/best-meal-kit-delivery-service
- The best vegan ready meals from M&S, Waitrose & Partners and more…, MON 13 JAN
  https://intu.co.uk/inside-source/food/best-vegan-ready-meals-waitrose-marks-spencer/

- The rise of the ready meal, BBC, 16 February 2013
  https://www.bbc.com/news/magazine-21443166
- 8 Best Healthy Ready Meals For When You're Too Tired To Cook, BY ALLY HEAD
  05/01/2018
  https://www.womenshealthmag.com/uk/food/healthy-eating/a707226/healthy-ready-meals/
- 9 best healthy food subscription boxes for 2019 – options to suit different budgets, By Zaina Alibhai, 25th November 2019, 9:31 am.
  https://inews.co.uk/ibuys/food-and-drink-ibuys/best-food-subscription-boxes-delivery-uk-families-recipes-monthly-healthy-497925
- 11 Healthy Alternatives to Rice, Written by SaVanna Shoemaker on September 12, 2019
  https://www.healthline.com/nutrition/rice-substitutes

인터넷

- 랩노쉬, http://labnosh.com/
- 식품의약안전처, 식품공전
  https://www.mfds.go.kr/wpge/m_510/de0503011002.do
- 식품의약안전처, 식품등의 표시
  https://www.mfds.go.kr/brd/m_512/list.do
- 편식의 비밀, 푸드 네오포비아
  EBS 동영상, 제공EBS네이버 TV 네이버 지식백과
  https://terms.naver.com/entry.nhn?docId=2442793&cid=51615&categoryId=51615
- 푸드네오포비아
  https://terms.naver.com/entry.nhn?docId=3613103&cid=43667&categoryId=43667
- 한화토탈 공식블로그 chemi-in 전자레인지에 가열해도 안전한 플라스틱, PE와 PP
  http://www.chemi-in.com/324
- 행복 호르몬 세로토닌과 도파민의 효능과 차이점(베터미의 정보공작소)
  https://livingreason.tistory.com/362
- What plastics can be microwaved?
  https://www.usplastic.com/knowledgebase/article.aspx?contentkey=952

북큐레이션 • 눈코입이 즐거운 오감 만족을 위한 라온북의 책

《가정간편식 사용설명서》와 함께 읽으면 좋은 책. 사랑하는 사람들에게 좋은 음식으로 마음을 표현하면 일상 속에서 기쁨이 넘쳐납니다.

11시와 4시, 나는 차를 마신다

이소연 지음 | 17,500원

풍부한 향, 아름다운 색, 부드러운 맛
커피에게는 없는 TEA의 매력을 느끼다!

대한민국 티 블렌딩 마스터 이소연 저자는 이런 차가 주는 매력을 담담하게 풀어내고 있다. 서로 다른 재료의 개성을 살려낸 저자는 '눈부신 정원', '황금물결' 등의 감각 있는 티 블렌딩 이름을 붙여 사랑과 이별, 기쁨과 환희, 아름다운 추억들, 자연의 포근함까지도 찻잔에 담아냈다. 또한 자신의 티 블렌딩으로 실제 차를 만들어볼 수 있도록 간단한 레시피도 함께 소개하고 있다. 영국인들이 차를 마신다는 시간인 11시와 4시, 바쁜 일상 중에 차 한 잔으로 마음의 여유를 갖길 바란다.

5일의 기적 당독소 다이어트

박명규, 김혜연 지음 | 14,500원

비만과 대사질환을 한 번에 해결하는
'한국형 단식모방 다이어트'

이 책에서는 5일 동안 근육 손실 없이 체지방 감량 효과를 누릴 수 있는 '당독소 해독 다이어트'를 소개하고 있다. 하루에 800kcal로 제한해서 먹는 것을 기본으로 하는데, 이로써 우리 몸은 굶지 않고 있는데도 마치 단식하고 있는 것과 똑같은 효과를 누릴 수 있다. 5일이 지나면 평균 2~2.5kg가 기본적으로 빠지고 최대 8kg까지도 체중 감량 효과를 볼 수 있다. 게다가 주변 사람들로부터 이런 피드백을 쉽게 듣게 된다. "요새 좋은 일 있어? 얼굴 좋아졌네. 피부가 맑고 투명해진 것 같아."

간편 조리법 및
대체 재료 수록

특별한 날, 가정식

미쓰하시 아야코 외 4인 지음 | 16,800원

특별한 날을 위한 색다른 레시피!
5인의 요리 연구가가 선보이는 개성 넘치는 가정식

색다른 요리를 선보이는 일본의 가정식 요리 연구가 5인의 가정식 레시피를 엄선해 골라 담았다. 늘 비슷비슷한 요리에 질려 식탁에 새로운 변화를 주고 싶다면 오늘 저녁에는 나를 위한, 혹은 가족들을 위한 조금 특별한 가정식 요리를 시도해보자. 반찬으로 곁들이기 좋은 간단한 음식부터 홈파티, 손님 접대 등을 위한 애피타이저, 메인, 가볍게 즐기기 좋은 디저트까지 개성 넘치는 레시피를 풍부하게 담아냈다. 평범한 날의 식탁도 특별하게 만드는 다섯 요리 연구가의 가정식 레시피를 만난다.

혼밥족을 위한
실용 레시피 수록

참 쉬운 혼밥

노고은 지음 | 11,000원

SNS 10만 구독자가 열광하는
요리블로거 노장금의 첫 번째 요리책!

요리를 해보려고 해도, 레시피에 있는 재료들은 낯설기만 하다. 적당히 한 끼 차려먹고 싶은 마음뿐인데, 여러 단계로 나뉜 레시피는 따라 하기 벅차기만 하다. 결국 오늘도 배달책자를 뒤적이고 라면을 끓이는 혼밥족들! 노장금의 《참 쉬운 혼밥》에는 이러한 혼밥족을 위해, 친숙한 냉장고 재료로 간편하고 빠르게! 그리고 맛있고 폼 나게 만들어 먹는 실용 레시피를 소개한다. 1인 가구 맞춤형 장보기 TIP, 낯선 재료 냉장고 재료로 대체하는 법 등 혼밥족을 위한 살림 노하우도 가득 담겨 있다.